APPEL AU PUBLIC

SUR LE

MAGNETISME ANIMAL.

APPEL AU PUBLIC

SUR LE

MAGNETISME ANIMAL,

OU

PROJET D'UN JOURNAL

POUR LE SEUL AVANTAGE DU PUBLIC,
ET DONT IL SERAIT LE COOPÉRATEUR.

C'EST à vous, hommes, que je crie ; et c'eſt aux enfans des hommes que ma voix s'adreſſe. Vous, imprudens, apprenez que c'eſt que la ſageſſe ; et vous, inſenſés, rentrez en vous mêmes. Ecoutez-moi . . . . Ma bouche publiera la vérité, mes lèvres déteſteront l'impiété. Tous mes diſcours ſont juſtes ; ils n'ont rien de mauvais ni de corrompu. Ils ſont pleins de droiture pour ceux qui ſont intelligens, et ils ſont équitables pour ceux qui ont trouvé la ſcience.

PROVERBES DE SALOMON. Chap. 8.

1787.

AU PUBLIC.

ON vous préfente le Profpectus d'un Journal à faire fur le Magnétifme animal : en invitant votre attention fur cette découverte, on a cru devoir vous expofer les notions les plus fufceptibles d'exciter et de diriger l'intérêt qu'elle mérite. C'eft à vous d'apprécier l'importance de ce Journal, dont votre avantage eft véritablement l'unique objet ; c'eft à vous furtout de faire affez connaître vos difpofitions, fi elles lui font favorables, pour qu'elles puiffent opérer fon exécution, malgré tout obftacle.

PROSPECTUS.

Le Magnétifme animal, depuis qu'il eft annoncé par M. *Mefmer*, et qu'il eft éprouvé en France comme un nouveau moyen réparateur et confervateur de l'économie animale, a donné lieu jufqu'à préfent à beaucoup d'écrits et à encore plus de difcuffions. D'un côté, on l'a préconifé; de l'autre on l'a ravalé comme une impofture : d'une part, on a rendu compte du grand nombre de guérifons qu'il a opérées et des phénomènes qu'il a préfentés; de l'autre, on a compromis, fufpecté les lumières, la probité, la bonne foi les mieux établies. On a expofé des fyftêmes fur fa théorie, des principes fur fes procédés; ils ont été combattus par une critique abfurde, furtout par le ridicule : il a été queftion de l'apprécier et d'en faire rapport à la nation ; ce rapport a prouvé que l'examen était infuffifant. Enfin, on n'a point encore éclairé ni fatisfait le public, l'opinion du plus grand nombre eft juftement incertaine, inquiéte, curicufe, avide de la vérité ; et femble défirer, exiger, pour fe déterminer pour ou contre le magnétifme animal, une inftruction claire, une vérification, une évidence à tous égards bien concluante et proportionnée à l'importance de cette découverte.

A 4

Ce public eſt juſte : il prouve, en cette occa-
ſion, combien il eſt judicieux, et les bons effets
du progrès de ſes connaiſſances, dues aux écrits
lumineux des ſavans et des philoſophes, et à
leurs communications rendues plus générales
par l'imprimerie. Trop long-temps abuſé par des
erreurs, il ne croit plus ſur parole les novateurs,
les frondeurs ; tel qu'un juge intègre, il écoute,
prend connaiſſance des raiſons, des faits allégués
de part et d'autre, et comme partie intéreſſée,
il ne les admet qu'après un examen ſévère et
concluant.

Ce public ſage et réfléchi ſait bien démêler
les intérêts particuliers des prôneurs et des
détracteurs : il pénètre les divers motifs des
gens qui dédaignent ou négligent de s'occuper
d'un objet en diſcuſſion, et de ceux qui évitent
de s'en expliquer ; il apprécie les téméraires et
imprudentes préſomptions de l'ignorance, l'in-
conſéquence des préventions et de l'entêtement,
la ſuffiſance ou la circonſpection de certaines
déciſions, et la frivole et illuſoire prétention des
ſavans de vouloir déterminer l'opinion générale ;
il connaît les allégations de la pareſſe et de l'in-
ſouciance, les différens abus des entraves, les
écarts de l'eſprit de corps ou de parti, leur
orgueil, leur tirannie, leurs ſoucis, leurs chicanes ;
les préjugés enfin de toute eſpéce ne l'induiſent
plus en erreur et n'en impoſent plus.

Ce public n'eſt que trop inſtruit par l'expérience, que les connaiſſances acquiſes ſont pour
la plupart imparfaites ou inſuffiſantes ; il eſt
bien convaincu journellement que l'on ne ſait
pas tout ce qui eſt à ſavoir ; il eſt continuelle-
ment encouragé, par des progrès, à ſe perſuader
que, pour parvenir à ſavoir mieux ou davantage, il faut avoir et être dans les diſpoſitions
d'apprendre et de s'éclairer. Sa curioſité naturelle s'en accroît, il en ſaiſit avec avidité tous
les alimens, protége en conſéquence les recherches, l'étude, accueille le travail, ſe prête aux
vérifications, rend juſtice au mérite, aux talens,
applaudit aux ſuccès, ſe paſſionne pour ce qui
peut être utile, ſe garde de l'enthouſiaſme et de
l'illuſion, ne ſe rend qu'à la démonſtration ;
et parvient ainſi, avec courage et patience, à la
connaiſſance de la vérité, et à jouir des effets
de ſa conviction.

Que peut-il exiſter de plus intéreſſant pour
le public que le magnétiſme animal, s'il eſt effectivement tel qu'il eſt préſenté par l'auteur et les
partiſans de cette découverte, et tel qu'il eſt
reconnu par les perſonnes de bonne foi qui
l'ont éprouvé ? qu'eſt-il de plus intéreſſant que
ce qui rend la ſanté, tend aux lumières, à
l'union, au bien être de la ſociété, et réunit à
ces avantages celui d'être d'une pratique facile,
et à la portée, à l'uſage de tout le genre-humain,

de l'un et l'autre fexe ? Cette réalité du magnétifme animal approche de l'évidence la plus fcrupuleufe, fes effets font aifés à conftater ; ils font fi fenfibles, fi notoires, fi multipliés, qu'il n'eft plus poffible de les nier : fon examen eft donc important et abfolument indifpenfable.

L'objet de l'ouvrage que l'on propofe, eft d'opérer exactement cet examen, et de n'y employer que l'intérêt et le travail de ce public, que l'on vient de fuppofer être dans des difpofitions fi raifonnables, fi favorables à s'éclairer. Les opérations, les opinions de quelques obfervateurs ifolés ne lui feraient pas des lumières affez fuffifantes ; il eft plus impartial, moins fufpect de lui expofer les moyens connus (*A*) de faire par lui-même l'épreuve, l'examen du magnétifme animal, et de lui donner les facilités de fe communiquer fes réfultats. C'eft fon propre travail à cet égard qu'il eft queftion d'exciter, de recueillir, de publier. On a confidéré que, fous la forme de *Journal*, cet ouvrage préfenterait les inftructions néceffaires et fuffifantes pour opérer, des obfervations pour les perfectionner fucceffivement, et qu'il deviendrait progreffivement un centre commun qui, de toute part, recevrait et répandrait la connaiffance et la

(*A*) Les notes un peu étendues font réunies à la fuite du Profpectus, elles font défignées par des lettres de l'alphabet. Voyez la note, lettre *A*.

critique des moyens, des faits, des opinions; et laifferait abfolument au public le foin, la liberté de vérifier, d'apprécier, et de porter enfin un jugement décifif fur cette découverte.

Il a fans doute paru déjà affez d'écrits qui ont inftruit fur les procédés, la pratique, la théorie du magnétifme animal ; ils ont fuffi pour former de bons magnétifeurs, pour faire faire des cures très-extraordinaires, et pour concilier des partifans au magnétifme (*B*). Mais ces ouvrages ne font pas tous affez et également répandus ; il en eft plufieurs qui font devenus trop rares pour qu'il foit facile de fe les procurer : d'ailleurs ils font déjà affez nombreux, affez volumineux pour rebuter l'économie, et furtout l'impatience trop ordinaire que l'on a de ne faifir uniquement fur cet objet que ce qu'il y a de plus précis, de plus inftructif, et pour faire défirer par conféquent des analyfes qui, en éclairant fur le contenu dans ces ouvrages, n'en préfentent que ce qui s'y trouve d'effentiel et d'utile, ou qui foient propres et fuffifantes pour en diriger le choix felon le goût et le befoin des lecteurs.

Ce Journal contiendra donc effentiellement les analyfes (*C*) de tous les ouvrages qui ont paru (*) et qui paraîtront fur le magnétifme

(*) Il y a déjà au moins deux cents de ces ouvrages.

animal, même de ceux qui le combattent ; et il en donnera par extraits les paffages les plus intéreffans, abfolument néceffaires pour l'inftruction et l'examen.

On y inférera en entier ou en parties, felon leur importance et leur étendue, tous les différens écrits auxquels il a donné lieu, tels qu'ils ont paru dans des ouvrages périodiques ; et tous ceux que l'on voudra rendre publics par la voie de ce Journal.

On ne négligera pas d'y rendre compte de ce que l'on a avancé fur le magnétifme dans des écrits fur d'autres matières, et on y fera également mention des ouvrages anciens (D) et modernes dans lefquels il fe trouve des faits, des opinions qui ont plus ou moins d'analogie avec le magnétifme animal actuel, et avec les vaftes connaiffances qu'il embraffe, quoiqu'il n'y foit pas indiqué et précifément défigné fous cette nouvelle dénomination. (E)

Il y fera plus particuliérement queftion de ceux que des détracteurs du magnétifme ont bien voulu rappeler à la mémoire, et remettre à cet égard en lumière (*). Leurs profondes recherches dans les anciens écrits fuppléent

(*) Dans les ouvrages qui ont pour titre :

L'Anti-magnétifme. — Mémoires pour fervir à l'hiftoire de la Jonglerie. — Le Coloffe aux pieds d'argile. — Les Recherches et doutes, &c.

amplement à l'érudition néceſſaire pour compulſer utilement et complètement un dépôt auſſi riche de citations relatives à ce ſujet. On s'attachera à diſcuter les conſéquences qu'en ont tiré ces ſavans détracteurs ; on appréciera le magnétiſme des anciens ainſi que le magnétiſme actuel ; on expoſera leurs rapports, leurs différences ; et l'on produira d'ailleurs toutes les recherches de cette nature qui ſeront adreſſées à ce Journal.

Le travail fait, dans les pays étrangers, ſur le magnétiſme animal actuel y ſera auſſi rapporté ; on aura la plus grande attention à rendre les traductions bien exactes, lorſqu'il y en aura de néceſſaires ; et on tâchera de ne rien omettre dans les productions étrangères de tout ce qui le concernera, tant dans les ouvrages particuliers que dans les papiers publics. (*F*)

La dénomination de magnétiſme animal a été critiquée ; on a cherché à l'infirmer comme n'étant pas juſte : il eſt vrai que cette découverte, ſuſceptible de la plus grande étendue et de diverſes acceptions, ayant fourni différens aperçus ſelon la manière de voir et de travailler de quelques obſervateurs, a produit en apparence différens ſyſtêmes ; mais leur diſtinction la plus vraie, la plus ſenſible, ſe réduit à leur diverſe dénomination, chacune priſe du nom de ſon auteur. Elles ne peuvent en effet caractériſer que des parties des nuances trop rapprochées et correspondantes entre elles, pour former féparément un corps particulier de principes et de conféquences ; c'eft au public à bien examiner ce qui peut les fonder, et à prononcer enfuite fur leur valeur.

Entre autres dénominations, celle de *Mefmérifme* était certainement la mieux appropriée, en ce qu'elle confacrait le nom de l'homme qui, après avoir bien étudié et apprécié cette connaiffance, a eu le fentiment et l'affurance de la communiquer, le génie de l'établir, et la gloire de donner le premier, par fon magnétifme animal, la clef de certains phénomènes que l'on ne favait encore ni produire ni expliquer avant lui. M. *Mefmer* était, fans contredit, le plus fondé à nommer fa découverte ; il le pouvait lui-même avec plus de connaiffance de caufe que fes critiques, et que les partifans de fes élèves et des autres coopérateurs dans la même carrière. Soit modeftie, foit bonne foi, foit lumières, en publiant fa découverte, il a configné la dénomination de *Magnétifme animal*. Elle lui était pour ainfi dire indiquée, tranfmife par fes prédéceffeurs dans quelques-unes de fes opinions (G) ; elle a le plus généralement prévalu ; et ne portera pas moins le nom de *Mefmer* à l'immortalité, récompenfe la plus noble, la plus digne d'un bienfaiteur de l'humanité. Celui qui nous inftruit et nous met dans la bonne voie, nous donne vraiment une nouvelle exiſtence, et a des juſtes droits à une reconnaiſſance univerſelle.

Le plus ou le moins d'analogie dans les moyens d'opérer, les mêmes principes et réſultats que les différens ſyſtêmes préſentent ; ſont aſſez reconnaître la préciſion, la juſteſſe de ſa dénomination.

En effet : tous les ſyſtêmes ſe réuniſſent eſſentiellement à la connaiſſance d'une action phyſique et morale, innée dans l'homme, ſuſceptible d'une étendue univerſelle, d'un pouvoir ſans bornes, de ſe communiquer, de ſe réunir, de s'identifier à égale action ; et de produire ſpontanément, ainſi qu'artificiellement, cet état de recueillement ou d'extaſe connu ſous le nom moderne de *ſomnambuliſme magnétique* ; dans lequel cette action, ſelon que cet état eſt plus ou moins dégagé d'entraves, de préjugés, de diſtractions, jouit en conſéquence de tout l'effet que comporte la puiſſante réunion dans l'homme des lumières de l'inſtinct, et de ce qui conſtitue ſon être créé et animé à l'image de la divinité : action qui peut s'étendre à tout, et qui, n'étant conſidérée que relativement à l'économie animale, eſt reconnue particuliérement propre à maintenir et rétablir la ſanté, et être d'autant plus efficace ſur l'homme lui-même ou ſur ſon ſemblable, qu'elle eſt excitée avec plus de volonté et d'énergie, qu'elle eſt conſtamment dirigée au bien, qu'elle eſt ſagement raiſonnée, et qu'elle eſt au beſoin ſecondée d'une pareille action de ſon ſemblable.

Ces ſyſtêmes attribuent cette action eſſentielle de l'homme, à ſon organiſation mixte, compoſée d'une ame, d'inſtinct, de matière et de fluide univerſel. Ils déſignent indifféremment l'action qui réſulte de cette union, par les mots, **vertu**, **influence**, **intention**, **pouvoir**, **déſir**, **volonté**, **tendance**, **rapport**, **correſpondance**, **attrait**, &c., &c.

Ils établiſſent que l'ame eſt une émanation du Créateur univerſel, qu'elle eſt immatérielle, immortelle ; ils s'expliquent ſur ſes facultés, ſes opérations ; ſur l'état matériel, animal, ſpirituel, phyſique et métaphyſique de l'homme ; ſur l'inſtinct, le ſentiment de l'homme et des animaux ; ſur la matière inerte par elle-même, ſes propriétés et ſa réaction, lorſqu'elle a une exiſtence organiſée et alimentée par le fluide univerſel.

Ils prétendent que le fluide univerſel eſt le moteur, l'agent, la vie, l'ame de la nature ; que ſon foyer eſt celui de la lumière. Ils lui trouvent les propriétés imprimées par le Créateur, de perpétuer l'ordre qu'il a établi dans l'eſpace, d'opérer les météores, les phénomènes, les accidens, les écarts mêmes, ſelon nous, qui nous frappent d'admiration et d'étonnement. Ils

rapportent

rapportent aux différentes propriétés de ce fluide, la diftinction des élémens et celle des trois régnes de la nature, leurs nuances qui fe touchent et les rapprochent, leurs modifications communes qui les affimilent ; ils expliquent enfin, avec ce fluide (élément du mouvement, agent intermédiaire du Créateur et de l'homme fur la matière,) toute la phyfique célefte et terreftre ; c'eft le plus fouvent d'une manière neuve, vraifemblable, et toujours plus convaincante et fatisfefante que les hypothèfes qui l'ont précédée.

Tels font les objets du plus grand intérêt que préfentent les fyftêmes relatifs à la nouvelle découverte ; c'eft cette connaiffance de la nature, et furtout celle de l'homme phyfique et moral, qu'il importe d'approfondir et de vérifier. L'étendue, l'ufage, l'utilité de la connaiffance de l'action occulte, qui eft le magnétifme de la nature, follicitent nos recherches ; la difpofition raifonnée de cette action donnée à l'homme, et la jouiffance exclufive à tout autre être animé de cet infigne bienfait du Créateur, établiffent et conftatent la fupériorité de l'homme et celle de fon organifation fur tout ce qui exifte dans la nature. (*H*)

On a prétendu que l'expreffion *magnétifme* ne pouvait convenir que relativement à l'*aimant*. cependant nombre d'auteurs lui ont donné

encore une acception différente. Suivant le
Dictionnaire de Trévoux, entre autres, ce mot
fignifie auffi une certaine vertu qui fait qu'une
chofe fent en même temps qu'une autre, foit de
la même manière, foit d'une manière différente ;
les mots *magnétifme*, *magnétique*, s'y trouvent
expliqués par ceux de fympathie, d'idées, d'efprit vital, de paffions de l'ame, de convenance,
d'analogie, de tendance ; et les définitions y font
ainfi terminées : ,, Quand un phyficien ne peut
,, rendre raifon d'un phénomène, il dit qu'il eft
,, produit par une vertu magnétique. ,,

C'eft une erreur que d'affigner et de ref-
treindre des termes et des propriétés felon les
étroites limites de nos opinions et de nos connaiffances. On donne, par exemple, de ftrictes
bornes à l'accumulation, à la détonation que
l'on nomme électricité, à l'attraction, à la direction déterminée, qui eft le magnétifme matériel,
que l'on réduit même affez vulgairement au
magnétifme minéral. Il n'en eft pas moins vrai
et reconnu par des anciens, ainfi que par des
modernes, que ces modifications produites également, d'une manière fpontanée ou d'une
manière artificielle, font du plus au moins propres à toutes les organifations en général.

L'acception de *magnétifme*, entendue, employée
par M. *Mefmer*, n'eft donc ni impropre ni con-
trouvée ; et fa dénomination de *magnétifme*

animal rend d'autant mieux l'efprit des connaif-fances que l'on vient d'expofer comme l'effence des différens fyftêmes fur la découverte dont il eft queftion, que le mot *animal*, qui défigne qu'un être animé, qu'un être pourvu d'une ame, que l'homme enfin en eft l'objet, achève le fens de l'expreffion, et remplit la condition néceffaire pour une dénomination parfaite, qui eft l'indi-cation précife, propre et terminée d'une chofe qui n'eft ni femblable ni convenable à aucune autre, Ainfi, en préférant, en adoptant la déno-mination de *magnétifme animal*, exclufivement à toute autre, jufqu'à ce que le public bien informé, en ait décidé autrement, on prévient qu'elle comprendra toujours, dans le Journal, généralement toutes les opinions et toutes les opérations des différens fyftêmes plus ou moins analogues et relatifs au magnétifme animal *natu-rel à l'homme.*

Une dénomination cependant qui doit être plus particuliérement confidérée comme acqué-rant journellement une certaine célébrité, et comme ayant réuni fous la fienne celle des autres fyftêmes qui lui font le plus analogues, eft celle de *Martinifme* (*) : cette dénomination, auffi

(*) Cette dénomination paraît tirer fon origine d'un nommé *Martinès Paskualis*, portugais, originaire de la Gréce, qui exiftait et était connu en France, il y a environ une vingtaine d'années, comme s'occupant des fciences fecrettes.

infignifiante par elle-même que celles que l'on
ne cite pas, eft également fubordonnée de fait
et d'opinion à la dénomination précife et
généralement reçue de *magnétifme animal*. **Le**
fyftême qu'elle défigne préfente, comme les autres
fyftêmes, certains moyens et réfultats qui conf-
tituent les principes et la fin du magnétifme ; il
prétend encore à une extenfion bien fupérieure
à celle des autres fyftêmes, beaucoup plus fublime
et purement métaphyfique ; il fuffit également à
la dénomination de *magnétifme animal*, et **paraît**
être la perfection de tous les fyftêmes réunis. (*)

Il eft probable que la connaiffance des objets
principaux et communs à tous les fyftêmes, a
exifté très-anciennement ; qu'elle a été confervée
myftérieufement fans dénomination précife qui
nous foit connue ; qu'elle a eu différentes
applications fufceptibles d'abus, d'erreurs, de
merveilleux ; que fucceffivement tranfmife par
quelques initiés plus ou moins éclairés, ils en ont
plus ou moins participé ; qu'elle a jeté, à différentes époques, quelque éclat momentané qui,
faute d'être réfléchi par l'aptitude convenable
pour en faifir la lumière, a été infuffifant pour

(*) Voyez le Livre des erreurs et de la vérité, ou les
hommes rappelés au principe univerfel de la fcience :
voyez auffi la fuite de ce livre, et le Tableau naturel des
rapports qui exiftent entre D I E U, l'homme et l'univers.
Ces deux ouvrages font un peu le développement du
premier.

la fortir d'un état de langueur et d'obfcurité ;
qu'elle nous eft enfin ainfi parvenue, expofée à
encourir les mêmes dangers, peut-être le même
fort ; et qu'elle n'eft devenue moins fecrette, plus
travaillée, plus approfondie ; que depuis fon
infurrection moderne, d'abord abftraite et circonfcrite, à laquelle on a donné, entre autres
dénominations, celle de *magnétifme animal*.

Dans fon état de filence ou d'oubli, entachée
de charlatanifme, d'erreurs, de difcrédit,
M. *Mefmer* s'occupe de cette fufpecte et fédui-
fante connaiffance ; il l'étudie, y découvre des
vérités précieufes, défire d'abord de les produire
felon leur application la plus utile ; il fent la
néceffité d'une circonfpection, d'une prudence
extrêmes, tant pour vaincre les préjugés, que
pour échapper aux difficultés d'être écouté et
aux dangers d'être mal entendu. Pour éviter les
abus de l'ignorance, ceux des préfomptions exa-
gérées, ceux des curiofités indifcrettes, et furtout
les mauvaifes impreffions des effais infructueux,
il réferve et veut d'abord concentrer fa découverte aux favans ; il leur en fait hommage, et
tente de fe les concilier, de les perfuader ; n'en
étant point accueilli, il fe décide enfin à la
publier, mais avec beaucoup de précautions. (*)

(∗) Voyez le Précis hiftorique des faits relatifs au
magnétifme animal, jufqu'en avril 1781, par M. *Mefmer*.

L'efprit du fiécle eft de ne prifer les chofes qu'autant que leur poffeffion eft diftinguée et difficile. M. *Mefmer* attache à celle-ci des conditions qui reftreignent fa découverte à des élèves, en état par leur fortune, de fatisfaire leur goût déterminé pour certaines connaiffances ; propres par leurs lumières à apprécier cette découverte, à la protéger de leur crédit, de leur réputation ; et engagés à la propager également avec réferve et difcernement. En confiant ainfi les aperçus qu'il en a voulu communiquer, il en donne des preuves de conviction fi péremptoires, fi fuffifantes, qu'elles mettent fur la voie des progrès, des éclairciffemens, et profpèrent affez pour motiver et engager à une publicité plus généreufe et plus étendue.

Auffitôt les élèves fe multiplient, les fociétés de l'harmonie s'établiffent (*I*), les travaux redoublent ; ils produifent des aperçus nouveaux, des fyftêmes différens ; il en réfulte des avantages nombreux et beaucoup de lumières, mais non fans mélange d'erreurs, de mal-entendus, de doutes et de quelques abus.

Des conféquences auffi difparates étonnent et donnent lieu à diverfes opinions : celles qui font les fuites d'un examen rigoureux, font les feules qui méritent des égards ; celles des partifans peu inftruits, font juftement fufpectes ; mais celles des détracteurs fans connaiffance de caufe, font bien juftement à dédaigner, à blâmer, à rejeter (*). Cependant on fe permet, fans réflexion, fans retenue, d'être de cette dernière claffe ; et le ridicule qui devrait la flétrir, ne tombe, au contraire, que fur celle dont l'opinion eft étayée de preuves et de raifonnement.

Eft-ce comme frivole ou indifférent que le magnétifme eft auffi légérement traité ? non ; puifqu'il a pour objet la fanté, le bien-être et les lumières de l'homme. Eft-ce comme dangereux et abufif ? non ; il n'y a point d'exemple qu'il foit en lui-même pernicieux ; on en a beaucoup de fes avantages. On fait bien qu'il faut diftinguer le magnétifme de ce qu'il eft par lui-même, avec ce qu'il peut être par les magnétifeurs, et ne pas le charger de leur impéritie, de leurs imprudences, de leurs fautes (K). Eft-ce par l'influence des perfonnes d'une fagacité reconnue et impofante ? non ; on refufe cette fagacité au plus grand nombre de fes détracteurs, et l'on voit journellement redreffer et ajouter à leurs notions les plus accréditées. Eft-ce une fuite de la négligence, de l'infouciance des gens qui fe portent bien ? non ; c'eft à eux de

____

(*) Il en eft du magnétifme comme de bien d'autres connaiffances : où en ferait-on, s'il était admis qu'elles puffent être jugées ou conteftées dans ceux qui les ont, par ceux qui ne les ont pas ? Ce ferait alors laiffer, par les aveugles, décider des couleurs.

foigner les malades, de pourvoir à leur foulagement ; ils favent que l'on peut vouloir ou avoir
befoin tour à tour d'être fecourable ou d'être
fecouru , et qu'il ne faut donc pas écarter la
bienfefance et les lumières. Eft-ce l'effet de ce
penchant, de ce goût, de ce dévouement à la
plaifanterie, à la critique, à l'apathie, à la fata-
lité ; délits trop communs et fi préjudiciables
à la fociété ? Eft-ce à caufe de fon analogie
avec certaines connaiffances curatives que le
magnétifme fe trouve ainfi partager, encourir
les farcafmes ....? Mais il n'eft pas befoin
d'articuler , de démafquer , de combattre les
obftacles, les tribulations qu'il éprouve ; il fuffit
de le mettre dans une évidence convenable,
chacun eft affez foigneux de fon avantage particulier, pour ne l'apprécier et ne l'accréditer qu'en
proportion de fon utilité et de fes reffources.

Elevez la voix, mères de famille à qui le
magnétifme eft déjà naturel dans les follicitudes
de la maternité ; demandez à le connaître bien,
pour en profiter davantage. Vous , les plus
pauvres habitans des villes et furtout des campagnes , dites que les foins éclairés , affectueux,
familiers de vos égaux, vous feront plus efficaces
que la pitié ftupide et les fecours indolens
ou falariés. Vous ne connaiffez pas les charmes
d'une bienfefance qui peut être réciproque ;
attendez-les du magnétifme. Vous , incurables

abandonnés à vos maux, à l'affliction, livrez-
vous à l'efpérance, c'eft à vous que les magnétifeurs prennent le plus d'intérêt, c'eft fur vous
qu'ils fe font le plus exercés ; leur zéle, leurs
efforts, très-rarement infructueux, font du
moins confolans. Vous, affez fortunés pour payer
les fervices et les traitemens auxquels vous êtes
aveuglément réfignés (L), vous défirez cependant un moyen de plus pour votre fanté ;
vous aurez d'autant plus de confiance au
magnétifme que vous le connaîtrez affez pour
en favoir bien apprécier les reffources. Vous
enfin, au-deffus de toute confidération qui puiffe
vous engager à ménager le magnétifme, pourrez-
vous, fans fcrupule, en autorifer l'éloignement,
et vous refufer la douceur de contribuer à le
faire profpérer, tandis que fon examen et fa
pratique peuvent combler l'attente et les vœux
de l'homme placé fous tous les points de vue.

L'explofion de cette découverte, auffi inté-
reffante par fes moyens faciles que par fon objet
falutaire, non-feulement fixe à cet égard l'attention, la curiofité générale, mais elle promet encore
d'autres aperçus, d'autres lumières. Des préten-
dues connaiffances fecrettes laiffent entrevoir
qu'elles exiftent (*), qu'elles font analogues aux

____

(*) Notamment le fpiritualifme, on peut y ajouter
les grades les plus fupérieurs et les moins connus de la
Franmaçonnerie, les myftérieux travaux de plufieurs

nouvelles obſervations, qu'elles ſont immenſes ;
mais que ce ſerait les profaner que de les livrer
au vulgaire, en lui donnant le fil du précieux
labyrinthe qui les renferme, dans lequel M. *Meſmer*
nous a introduits, ſoit avec un bandeau qu'il a
mis ſur nos yeux, ſoit qu'il ne fût lui-même
dirigé que par un crépuſcule de lumière.

Travaillons donc par nous-mêmes à conſtater
la vérité, les moyens, les détails d'une découverte ſi étonnante, ſi étendue. En pratiquant
le magnétiſme, tel qu'il eſt le plus connu, nous
profiterons des bienfaits certains qui en réſultent,
et nos beſoins les plus preſſans ſeront ſatisfaits.
Attendons, dans cette jouiſſance ineſpérée, les
nouvelles lumières que les connaiſſances plus
ſecrettes diſent ne devoir être le partage que des
conſciences *réſignées*, bienfeſantes et ſans reproche ; et ſurtout méritons-les. (*)

ſociétés qui lui ſont analogues ; on dit que ces connaiſſances, ainſi que pluſieurs autres ; prétendent tenir par
quelque rapport au magnétiſme animal.

(*) Il y a des magnétiſeurs qui ſont dans l'opinion que,
pour bien magnétiſer, il ſuffit d'avoir un déſir d'opérer
ſur le malade, déſir qui ne ſe rapporte en rien à l'amour
propre du magnétiſeur, à ſes vues de conſidération ou
d'intérêt, ni ne ſe fonde en ſa confiance en lui-même ;
au contraire, un déſir humble et réſigné ſous la volonté
de DIEU, dont il implore la bénédiction ſi la guériſon
qu'il ſouhaite, eſt conforme aux vues de ſa ſainte Provi-
dence, dans laquelle il met toute ſa confiance.

La Foi, l'Eſpérance, la Charité.

L'examen du *magnétifme animal*, qu'il eft queftion de faciliter au public, ne peut avoir lieu qu'en magnétifant, ce qui oblige à une inftruction fuffifante ; ou en étant magnétifé, ce qui exige une certaine confiance au magnétifme et en fon magnétifeur ; ou en voyant magnétifer, et prenant connaiffance des obfervations faites à cet égard. Le Journal que l'on propofe favorife ces moyens, puifqu'en expofant la théorie, les procédés, les faits du magnétifme ; il donnera l'inftruction néceffaire pour la pratique, et les obfervations qui doivent diriger l'opinion, et déterminer la confiance.

L'inftruction qu'on ne peut pas taxer de vouloir dominer fur la croyance des hommes, eft celle qui les engage à ne pas faire un pas fans examen. Il eft certain que fa propre expérience, bien éclairée, eft à cet égard plus efficace que l'expérience des autres : c'eft donc à cette expérience propre et perfonnelle que l'on engage le public. On trouvera fans doute l'inftruction, dont elle a befoin, affez détaillée, éparfe, et fucceffivement perfectionnée dans les différens articles de ce Journal (*M*) ; mais, pour mettre le public d'abord et plus tôt en état de fe fervir de fa propre expérience ; on inférera, dans fon premier volume, un détail des notions les plus accréditées fur la manière de magnétifer; il fera fuffifant pour donner lieu de faire de nouvelles obfervations à ajouter à celles que l'on a déjà obtenues.

Les notions hifloriques, théoriques, fublimes et plus étendues fur le *magnétifme animal*, n'étant pas de première néceffité, on ne les aura dans ce Journal que par analyfes, extraits, rapports, lorfque ce travail des ouvrages qui y donneront lieu fera rédigé, et felon qu'il fe fuccédera. Il ne ferait guère poffible en effet d'établir, dès à préfent, une théorie pofitive et des affertions non conteftées fur une connaiffance qui fé développe fous différens fyftêmes également conjecturals et hypothétiques (*N*). Quelque peu que fa perfection même foit fufceptible d'évidence, cette importante théorie doit au moins fe concilier un affentiment affez général, lorfqu'elle eft donnée pour fervir d'éclairciffement et d'inftruction. L'évidence exigée en magnétifme animal, eft pour les effets et les réfultats; elle ne comporte pas la démonftration de leurs caufes. D'ailleurs, le plus grand nombre des magnétifeurs, ceux dont la bienfefance n'a d'autres défirs que de foulager l'humanité fouffrante, ceux dont à ce titre le traitement mérite le plus de confiance; n'ont pas les diftractions, les foucis, les curiofités, les prétentions, les connaiffances requifes, les moyens néceffaires, les difficultés épineufes de chercher, de fe rendre raifon, de démontrer rigoureufement le pourquoi, le quand, le comment telle ou telle chofe s'opère dans la nature ; il leur fuffit de favoir magnétifer, c'eft-à-dire, de faire une application convenable de l'agent puiffant qui eft à la difpofition de l'homme ; il leur fuffit de guérir, de foulager, et de perfuader de la bonté de leur méthode, ainfi que de la pratique et de l'ufage du magnétifme.

Les différens phénomènes du *fomnambulifme magnétique* (*O*) font plus particuliérement un objet fufceptible de provoquer la curiofité, l'enthoufiafme et l'incrédulité. Cet état extraordinaire fe préfente, dans quelques traitemens, par le magnétifme, et leur eft très-favorable en ce qu'il éclaire et dirige fur ces traitemens. Il eft bien conftaté qu'il ne leur eft pas d'une abfolue néceffité, puifqu'il n'a pas lieu dans le plus grand nombre des guérifons que le magnétifme opère. Ce fomnambulifme étant chofe *naturelle*, paraît devoir être attendu, ménagé, plutôt qu'être excité témérairement et inconfidérément. On doit s'attacher à l'apprécier et à en tirer le meilleur parti ; Il eft inconteftable que cet état a lieu, et il n'eft pas probable que la nature le produife ou nous l'accorde inutilement. Ce Journal faifira toutes les occafions d'en donner les éclairciffemens les plus utiles et les plus détaillés. (*P*)

On prétend, on objecte que cet état, très-précieux par tous fes avantages, eft auffi fufceptible d'abus. Ce feul mot *abus*, chofe malheureufement toujours inféparable de ce qu'il y a même de plus parfait, préfente une foule d'idées qui amènent à mettre en queftion fi la publicité du magnétifme eft bien réellement fans inconvéniens, et fi ces inconvéniens ne doivent pas, au contraire, refferrer les liens qui attachent quelque réferve à cette publicité.

On répond à cela, que l'utilité du magnétifme dont on perfuade, ne peut être démontrée que par fon ufage ; que cet ufage ne peut procéder que de la confiance et de l'intérêt qu'il infpire ; que ce n'eft pas une confiance aveugle, mais, au contraire, la confiance la plus éclairée, qui eft plus furement efficace et la feule que l'on doive raifonnablement prétendre ; que l'on prend d'autant plus d'intérêt à une chofe, lorfqu'on la connaît mieux ; que le premier et le plus fort intérêt que l'on prend au magnétifme, eft de le connaître ; que la réferve, le myftère rebutent, révoltent même, lorfqu'ils concernent un objet prôné comme effentiellement avantageux et d'une utilité générale ; qu'il n'eft aucun engagement, aucune confidération, aucun intérêt qui ne doivent céder et être afferuis au bien public ; que les abus ne font pas dans le magnétifme ; qu'ils ne peuvent avoir lieu que dans la manière de le pratiquer ; qu'ils ne font plus à craindre lorfqu'ils font connus, puifque l'on peut alors s'en garantir ; que la publicité du magnétifme, à tous égards, même jufque dans la connaiffance de la poffibilité des abus, eft donc indifpenfable ; et enfin, qu'il ne peut réfulter de cette publicité, pour les perfonnes dans le cas de fe foumettre à l'action du magnétifme, que de ne pas ignorer ce qui eft à obferver, à confidérer, à éviter, tant fur le magnétifme que fur les magnétifeurs ; et, pour ceux-ci, que de les mettre dans la néceffité de mériter un choix, une préférence, une confiance qui ne feraient plus dirigés vers eux que par une eftime particulière et une bonne opinion de leurs lumières.

La publicité du magnétifme ne peut que faire connaître mieux comment il eft un bienfait pour la fociété ; et que, comme ce bienfait ne laiffe pas que d'être pénible à adminiftrer, il n'eft pas moins important d'être digne, et de mériter de l'obtenir, qu'il n'eft effentiel de parvenir à favoir et à pouvoir l'accorder.

On peut ajouter encore ce paffage impofant, extrait d'un ouvrage des plus intéreffans, qui a pour titre, *Tableau naturel des rapports qui exiftent entre Dieu, l'homme et l'univers.* ,, Qu'eft-ce que ,, les fociétés civiles et les empires auraient à ,, regretter fi, en changeant de forme, ils ne ,, renfermaient plus dans leur fein que des ,, hommes vertueux et affez inftruits pour favoir ,, éloigner les maladies de leur corps, les vices ,, de leur cœur, et l'ignorance de leur efprit ? ,,

Ces précieufes connaiffances tiennent à celle du magnétifme animal qu'il eft queftion de dérober ou de foumettre à l'examen du public ; elles doivent achever de déterminer à fa publicité.

Comme le rapport et les analyfes des ouvrages qui ont paru jufqu'à ce jour auront affez d'étendue , et ne préfenteront rien de neuf à une grande partie des lecteurs de ce Journal ; on ne les y inférerà que mélangés avec des articles nouveaux , de manière que chaque livraifon préfente au moins autant de nouveautés que d'ouvrages déjà connus. On obfervera, autant qu'il fera poffible , l'ordre des temps , et un certain enfemble dans l'expofition des écrits qui ont entre eux un rapport immédiat ; et , pour faciliter d'abord au public la connaiffance de tous les ouvrages qui ont paru fur le *Magné-tifme animal* , et de ceux qui , quoique fur d'autres objets, y ont cependant quelque rapport intéreffant ; on en donnera un catalogue au commencement de ce Journal : il fera par ordre chronologique , et n'indiquera que les titres et matières dont ils traitent ; ce ne fera que fucceffivement que l'on en rendra compte avec plus de détails.

Il s'en faut de beaucoup que , depuis que l'on s'occupe du magnétifme , furtout en France , on ait imprimé tous les effets qu'il a produits, et toutes les obfervations théoriques et pratiques

auxquelles

auxquelles il a donné lieu. Celles qui ont pour objet l'examen, la difcuffion, la critique, fans perfonnalités offenfantes, doivent auffi être connues et confidérées ; elles feront également admifes et confignées dans ce Journal.

Beaucoup de perfonnes ont négligé jufqu'à préfent de donner une certaine publicité à leurs travaux, à leur opinion ; parce qu'un ouvrage ifolé perd de fon crédit, de fon intérêt, lorfqu'il eft anonyme ; et que, lorfqu'il eft avoué, il emporte une efpéce de prétention et d'importance, dont on voudrait le plus fouvent fe fouftraire. Il en eft qui redoutent le ridicule auquel on s'expofe en heurtant les opinions reçues, et en foutenant un objet douteux ou frondé, quoique méconnu ; il en eft d'autres que les frais, les foins, les entraves de cette publicité, par l'impreffion, ont rebutés. Le Journal que l'on propofe aplanit toutes ces difficultés, il établit un concours d'autant plus fufceptible d'éveiller, d'exciter, d'éclairer le public fur les opérations et les opinions, qu'il eft abfolument libre et impartial. Ce Journal eft d'ailleurs attrayant, tant par l'utilité et les éclairciffemens que préfentent la difcuffion et le choc des opinions, que par la facilité qui réfulte de l'engagement qu'il prend de n'exiger des fignatures connues et avouées que pour ce qui concerne des faits dont la vérité doit être bien conftatée, et à l'abri de

C

toute furprife et de toute fufpicion de fauſſeté ou de myſtification.

Il exiſte certainement un fonds conſidérable de matériaux ; on connaît beaucoup de manuſ-crits intéreſſans fous les différens titres de lettres, d'obſervations, de journal, de réflexions, d'exa-men, d'extraits (*Q*), de recherches, d'eſſais, de remarques, de queſtions, de définitions (*R*), de mémoires, d'expofés, d'aperçus, d'expériences, &c. &c. On invite le public à les donner au Journal, et à en augmenter le nombre par de nouvelles productions de cette efpéce, qui, le plus ordinairement, font trop courtes pour leur faire voir le jour d'une manière ifolée, ou qui n'auraient pas tout le mérite de l'àpropos et de la circonſtance, fi elles ne paraiſſaient dans un Journal uniquement deſtiné aux écrits fur le magnétifme.

Ce Journal, particuliérement défiré et reconnu néceſſaire par tous les magnétifeurs, trouvera en eux des coopérateurs d'autant plus conf-tans et zélés pour la propagation et la per-fection du magnétifme, qu'ils ont acquis la plus intime conviction de fes bienfefantes et univerfelles reſſources, et furtout de la grande utilité dont peut être l'accumulation des faits, lorfqu'ils font préfentés avec le détail et l'exacti-tude qu'ils exigent.

Beaucoup de magnétifeurs fe chargeront

volontiers de recueillir des matériaux, de les rédiger au befoin et de gré à gré ; ils s'empreſferont de feconder, de s'unir même aux éditeurs de ce Journal , bien moins aſſurément pour donner une plus grande publicité aux obfervations déjà faites jufqu'à préfent , que pour faire profpérer cet ouvrage, le rendre plus fufceptible d'exciter l'intérêt, l'attention, le travail, répandre des nouvelles lumières, fuffire encore mieux à l'inftruction, à l'examen important dont il s'agit, et amener enfin et fixer une opinion bien généralement confentie fur le *magnétifme animal*.

Quelle fatisfaction pour les magnétifeurs, dont l'attachement au magnétifme paraît aſſez généralement une erreur ! quelle juftification flatteufe pour tous fes partifans ! fi les coopérateurs à ce Journal pouvaient réuſſir ainfi à ajouter la conviction et la confiance au bienfait dont M. *Mefmer* et fes élèves ont gratifié l'humanité , l'un en communiquant fa découverte , et fes élèves en ufant de leur droit acquis de la répandre, en y ajoutant leurs propres et nouvelles lumières fur les moyens de produire et profiter de fes merveilles.

Les entraves de toute efpéce, le difcrédit le plus injufte, le moins fondé, le moins mérité, en ont reftreint la pratique et retardé les progrès, quoique les perfonnes, qui, jufqu'à préfent, fe font livrées à cette connaiſſance, foient

affez recommandables pour devoir la garantir
de tout préjugé défavantageux ; mais heureufement fes partifans font déjà affez nombreux ,
et fon utilité eft affez reconnue, pour que l'on
n'ait plus à craindre de la perdre. Si cette affurance eft due au zéle, à la conviction des magnétifeurs actuels, et à leur bienfefance naturelle
qu'elle a éclairés et fatisfaits ; fi effectivement
cette connaiffance eft un moyen de plus pour le
befoin, le foulagement des perfonnes fouffrantes,
et pour leur efpérance de guérir, fi fouvent
trompée par les routines en crédit, et pourtant
toujours leur feule et dernière reffource ; qu'il
eft heureux, et quel jufte fujet d'admiration
et de refpect pour les générations futures, que
notre fiécle foit mémorable pour avoir produit
les hommes prédeftinés, qui, malgré toutes fortes
de contrariétés, de ridicules et de préjugés à
vaincre, furtout les craintes d'échouer, de fe
tromper, de fe compromettre ; fe font, à force de
vertu, de courage, de patience, obftinés à opérer
le bien, et à faire profpérer les recherches et la
confiance néceffaires pour en mieux établir la
pratique !

Que ne doit-on pas attendre d'un zéle plus
libre et bien entendu, d'un examen plus général
et mieux éclairé ? que ne doit-on pas furtout
fe promettre des recherches et du travail des
favans (S) qui, par leur état, leurs lumières

acquifes, et toutes fortes de moyens avantageux, font réellement tenus, et plus particuliérement propres à vérifier, à approfondir tout ce qui a rapport au progrès des connaiffances et au bien-être de l'humanité. Ils font trop jaloux de leur gloire perfonnelle, de l'eftime de leurs contemporains, et de la reconnaiffance de la poftérité, pour négliger une étude indiquée et impérieufement exigée par la multitude. Ils ne voudront pas fe rendre fufpects d'inertie, de partialité ou d'amour propre mal entendu, et perfifter trop long-temps dans des aperçus fuperficiels (*) et dans l'efclavage des préjugés. Ils ne laifferont pas le temps aux autres nations de les devancer, et de trouver des éclairciffemens affez déterminans pour mériter une confiance générale. Ils doivent à l'illuftration de leur patrie, à la France, qui fut le berceau du magnétifme, de l'éclairer fur cette découverte, et de donner des erremens fuffifans pour en inftruire et en convaincre l'univers.

Ce n'eft point une fpéculation intéreffée qui doit préfider à l'édition de ce Journal, on n'y mettra que le prix néceffaire pour fuffire aux frais de fon impreffion. Il ne doit point être

____

(*) Voyez les rapports des commiffaires nommés par le roi pour l'examen du magnétifme animal, et furtout les obfervations et réponfes auxquelles ils ont donné lieu.

queſtion de ſouſcription, parce qu'il ne convient pas de prendre d'engagement ni de fixer des époques pour des livraiſons dont l'exactitude dépend d'une abondance de matière qui eſt en grande partie à la diſpoſition du public. Les volumes et leur prix ſeront annoncés, dans les papiers publics, à meſure qu'ils paraîtront. On pourra s'en pourvoir chez les libraires de Paris et de province ; ils pourront s'en fournir au bureau du Journal, qui n'en délivrera point en détail, mais ſeulement par douzaine à la fois. Le ſeul avantage à offrir, par les éditeurs, eſt d'envoyer, port franc et par la poſte, au prix fixé pour chaque volume, un exemplaire ſeulement aux ſeules perſonnes, ſoit à Paris, ſoit en province, qui auront fourni des articles inſérés dans ce Journal.

Les demandes et les écrits relatifs au Journal doivent être adreſſés franc de port au bureau du Journal. On indiquera l'adreſſe de ce bureau auſſitôt que ſon établiſſement ſera formé.

Il eſt bien à déſirer qu'il ſe trouve à Paris, plutôt qu'ailleurs, des éditeurs pour cette louable entrepriſe. On a tout lieu d'eſpérer que, malgré quelques clameurs trop ſuſpectes pour obliger à des égards, leurs propoſitions non-ſeulement n'éprouveraient aucunes difficultés relativement aux cenſures, approbations et priviléges néceſſaires, mais ſeraient encore accueillies favora blement, dès qu'elles feraient appuyées des fuffrages du public. Une tolérance équivoque n'eft plus fuffifante pour l'examen libre et impartial du *magnétifme animal* ; cet examen étant généralement intéreffant, mérite une autorifation bien notoire. C'eft donc au public à faire affez connaître fes difpofitions, pour qu'elles puiffent éclairer et déterminer l'autorité à permettre ce Journal, et qu'elles puiffent auffi engager des éditeurs à fe préfenter pour en faire l'entreprife, ainfi qu'aux arrangemens et démarches préalables et néceffaires pour fon exécution.

N O T E (*A*).

Il y a des perfonnes qui, fans avoir été inftruites ou initiées, foit par des magnétifeurs, foit par des fociétés de l'harmonie, font parvenues non-feulement à faifir, par l'obfervation, les moyens connus de magnétifer avec le plus grand fuccès, mais encore à acquérir, par l'expérience, d'excellentes lumières.

Elles avaient obfervé qu'un magnétifeur, pour travailler fur un malade, s'approchait de lui, le regardait affectueufement, le touchait du bout des doigts, d'abord depuis la tête aux pieds, puis le long des bras, toujours en paffant lentement et légérement du centre aux extrémités ; enfuite qu'il arrêtait plus long-temps une main, ou fur le creux de l'eftomac ou fur la partie malade, tandis qu'il plaçait l'autre en oppofition ; qu'il donnait plufieurs féances par jour, chacune de quinze à vingt minutes ou plus, felon les circonftances ; qu'il avait la conftance et le zéle de travailler ainfi plufieurs jours de fuite, et même plufieurs femaines ; qu'il fuivait le plus fouvent les indications du malade, qu'il ne le fatiguait point de queftions inutiles, qu'il s'attachait furtout à lui faire partager fa confiance et fes efforts.

Ces perfonnes, prévenues d'ailleurs qu'il était queftion d'un fluide qui devait être bienfefant, et fortir par le bout des doigts d'un magnétifeur, pour pénétrer dans le malade, et y agir fur les caufes de la maladie, ont effayé de magnétifer de cette manière. Elles étaient préoccupées de la penfée d'adminiftrer ainfi un fluide falutaire ; elles avaient furtout l'unique et ardent défir de procurer la guérifon : il en eft réfulté qu'elles ont peu à peu opéré des effets ; que,

s'étant bien affurées qu'elles ne fe fefaient point illu-
fion , elles ont travaillé avec plus de confiance et
encore plus d'ardeur ; qu'elles ont enfin guéri des
malades , et même fait quelques fomnambules.

Les premiers ont confirmé cette méthode à leurs
magnétifeurs , comme très-bonne et précifément
fuffifante pour guérir des maladies. Elle les avait mis
fur la voie des progrès , l'expérience a achevé leur
inftruction. S'il eft auffi aifé de faifir les moyens
connus pour magnétifer et connaître ce que c'eft que
le magnétifmé , il femble que plutôt que de recher-
cher les lumières des autres , ou confulter des témoi-
gnages que l'on fe permet fi légérement d'apprécier
felon fes préjugés , on devrait prendre la peine de
faire par foi-même l'épreuve et l'examen des chofes,
et s'en affurer , avant que d'en hafarder et s'en fixer
une opinion.

Il eft certain que ces préliminaires raifonnables
et fuffifans pour amener à la conviction, intérefferaient
fucceffivement affez pour déterminer à l'étude néceffaire pour fe perfectionner. On ferait alors plus inftruit,
moins indifcret, et l'on mériterait l'attention et la confiance auxquelles tous les gens fenfés doivent prétendre.

On prévient que dans cette note, ainfi que dans
tout le cours de cet écrit , on n'a aucune intention de
fixer des principes , et encore moins d'en critiquer ;
on expofe fon opinion fans la donner pour exclufive.
On aura parfaitement rempli fon objet , fi l'on peut
intéreffer affez pour exciter au travail, à l'examen ,
donner lieu à une publicité de lumières plus vraies,
plus convaincantes , plus utiles , et déterminer l'exécution du Journal dont il eft queftion.

N O T E (*B*).

Il y a des perfonnes qui, par la feule lecture des livres modernes fur le magnétifme, et de quelques ouvrages anciens qui y font cités, fe font mifes en état d'obtenir, de leurs effais et de leur propre expérience, les principes et les réfultats que peut donner l'initiation actuelle la mieux entendue. C'eft le propre de la vérité que d'être uniforme, et de fe montrer également toujours la même, fous quelque face, circonftance et tentative que l'on employe pour la trouver.

Les exemples de fuccès dus à la lecture ou à l'obfervation, font voir que l'initiation n'eft point abfolument néceffaire pour favoir magnétifer ; et qu'elle n'eft pas, ainfi qu'on le lui a imputé, une convention, ou un engagement furpris de profeffer, de foutenir une doctrine véritablement fecrette, impénétrable, illufoire ou fufpecte à aucun égard.

Ces exemples prouvent auffi ce que peuvent produire d'extraordinaire la méditation et le travail fur un objet déterminé, lorfqu'ils font dirigés par les moyens requis d'un efprit fans préjugés, d'une volonté ferme, d'une intention droite, et des fentimens affectueux et eftimables.

Ces exemples prouvent encore que la croyance des partifans initiés, fur laquelle on fe permet fi légérement toute efpéce de critique, eft cependant époufée par les magnétifeurs non initiés, dont l'opinion abfolument fans liens, fans prévention, fans confidération, fans intérêt quelconque, n'eft fondée que fur l'examen et l'expérience.

Cette facilité de s'inftruire par la lecture ne

pouvait avoir lieu anciennement auffi bien qu'à préfent : les favans n'écrivaient que pour eux ; c'était en latin ; peu de monde lifait ou était inftruit ; les nouvelles idées éprouvaient beaucoup de difficultés avant de pouvoir pénétrer et s'établir ; on ne voyait guère que quelques ingénieux cultivateurs des fciences fe livrer à des recherches, et faire de véritables efforts pour augmenter leurs connaiffances ; les progrès, les réputations naiffantes étaient étouffés et fuccombaient le plus ordinairement fous la dépendance où ils étaient des favans par état, qui, foigneux de jouir fans travail, fans ombrage, fans dégradation, de leur fupériorité, de leur importance, de leur favoir acquis, et furtout d'en profeffer, d'en perfuader la fuffifance et l'infaillibilité, fe gardaient bien de fe compromettre en cédant aux occafions de rectifier ou d'ajouter à leur prétendu favoir, quel qu'il fût. Ils puniffaient les auteurs comme réfractaires, ou les repouffaient comme extravagans ; et ils rejetaient, fans juftice, fans examen, tous erremens nouveaux, comme abfurdes et illufoires.

Les temps ont bien changé ! Le crédit de ces favans eft déchu depuis que le favoir eft devenu plus aifé, plus général. Malgré leurs efforts, ils ne peuvent plus fe maintenir dans leur ancienne et abufive poffeffion. On écrit en français, c'eft pour tout le monde. Le public eft actuellement le vrai tribunal des réputations ; il apprécie par lui-même, il voit bien, et feul il juge fouverainement de toutes les productions.

Il y a des gens qui prétendent que cette généralité de lumières a bien fes inconvéniens ; ce ne peut être que pour ceux qui veulent régenter les opinions.

NOTE (*C*).

On n'inférera, dans ce Journal, que des analyfes impartiales, et non pas telles que l'on en trouve dans certaines feuilles ou compilations qui ne préfentent, le plus fouvent, que l'opinion fufpecte ou erronée du rédacteur, au lieu de l'efprit ou l'analyfe de l'ouvrage qu'il eft queftion de faire connaître. Il n'eft que trop ordinaire que de tels rapports de différentes mains donnent, fur un ouvrage, autant d'opinions différentes et abfolument contradictoires : toute partialité induit en erreur, et dévoile fouvent la tâche pénible d'un travail intéreffé.

Nos analyfes feront donc exactes et complettes, point furchargées de phrafes oifeufes ou dictées par la prévention ; un avis ifolé n'obftruera, n'interceptera point la communication qui doit être libre, entière, entre un auteur et le public. On ne perdra furtout pas de vue que c'eft de l'examen et de l'inftruction du magnétifme dont il eft queftion ; que c'eft au public à apprécier, à conclure ; et que, par conféquent, on ne doit lui préfenter que des rapports exacts.

Si cette note bleffe quelque journalifte ou compilateur d'anecdotes, fa vérité n'en fera que plus juftement appliquée. Il en eft qui, fans rien connaître au magnétifme, en ont écrit très-défavantageufement, fe font prêtés à le ridiculifer, et ont bien abufé de la permiffion de n'en parler que pour le décréditer. Ces adhérens, ces échos des ennemis de la nouvelle découverte, ont compté, fans doute, pour confommer fa difgrâce, fur le proverbe latin *verba volant, fcripta manent* ; ils fe font trompés. Il n'a pas encore paru une critique bonne , raifonnable , à confidérer, à conferver; ces vains écrits font plus que négligés , et le magnétifme profpère.

NOTE (*D*).

LES ouvrages anciens qui ont quelque relation avec le magnétifme animal , font , pour la plupart , écrits en latin ; on peut citer particuliérement ceux de BURGRAAVE , BOYLE , BORELL , BOMBAST DE HOHENHEIM , BARTHOLIN , CAMPANELLA , CHARLETON , DIETERICH , le chevalier DIGBY , DOLÉ , ROBERT FLUD , GAFFAREL , GOCLEN , HARVEY , HARTMAN , HANMANN , KIRCHER , LOYSEL , MAXVEL , NAUDÉ , PARACELSE , PORTA , RUMELIUS PHARAMOND , RAYMOND LULLE , RETTRAY , SANTANELLI , TENTZEL , WIRDIG , VERULAM , VILLIS , VANHELMONT , &c.

On trouve auffi dans les ouvrages fuivans des opinions et des faits analogues à ceux que donne le magnétifme animal actuel :

Memorabilium GAUDENTII MERULAE, *Lugduni* , 1556. LEVINI LEMNII , de occultis naturæ miraculis, *Coloniæ Agrippinæ*, 1573. De homine magno illo in rerum natura, miraculo et partibus ejus effentialibus , autore PETRO MON , *Vitebergæ* , 1585. MATTHEI DRESSERI , de partibus humani corporis et animæ potentiis , *Lipfiæ* , 1586. De medica hiftoria mirabili , MARCELLO DONATO autore , *Venetiis*, 1588. De univerfitate et originibus rerum conditarum , contemplatio fingularis ANDREAE LIBAVII , *Francofurti*, 1610. De fubftantia cœli et ftellarum efficientia, autore THOM. GIANNINI , *Venetiis* 1618. Thaumaturgi phyfici prodomus , *Coloniæ*, 1649.

De paffionum animi et corporis morborum traduce, differtatio epiftolica GEORGII GASPARIS KIRCHMAJERI, *Vittembergæ*, 1684. Aftrofophia cœli terreftris jatrologica, autore CHRIST. GOTTFR. DANCKWARTEN, *Hambourg*, 1684. Geomantia, autore GODOFREDO BUCHING, *Jenæ*, 1695. Oneirologia five tractatio de fomniis, necnon inde factâ excurfione ad deliria, autore JOH. GEORG. KULMO, *Lipfiæ*, 1703. JOH. NICOL. MARTII differtatio de magia naturali ejufque ufu medico, *Erfurti*, 1705. Differtatio de medicina chrifti divina et miraculofa, autore CHRIST. ENDE, *Halæ Magdeburgicæ*, 1725. Differtatio de fuperftitione gentium circa divinationes, autore GEORG. NICOL. GREUHM, *Argentorati*, 1731, &c. &c.

Voici un ouvrage grec et latin, affez intéreffant pour être plus particuliérement connu; on en donnera une analyfe dans le Journal :

JULII-CAESARIS SCALIGERI, de infomniis commentarius in librum Hippocratis : acceffit in fine Ariftotelis de fomno et vigilia, infomniis et divinatione libellus, *Gieffæ*, 1610.

Mais les ouvrages les plus fatisfefans et inftructifs pour les perfonnes curieufes de connaître tout ce qui a été imaginé et dit fur les facultés et les effets du moral de l'homme, font des differtations ou théfes agitées et foutenues dans différentes univerfités. Elles font recommandables par leur grande érudition; il s'y trouve des citations puifées, non-feulement dans des écrits très-anciens, mais auffi dans la tradition, et des ufages qui remontent à la plus haute antiquité. Ces ouvrages, bons à confulter, font très-nombreux; on fe borne à en citer ici cinquante. Dans les vingt-cinq premiers, le titre feul en défigne l'objet; les vingt-

cinq fuivans, dont le titre eft fans relation auffi appa-
rente avec le magnétifme animal, n'y ont pas moins
de rapport, tant par la manière dont leur objet eft
traité et approfondi, que parce que l'action du moral
de l'homme y eft également reconnue et bien établie,
et le matérialifme combattu.

De influxu facultatum animæ, *Tubingæ*, 1589. De
phantafiæ actionibus in corpus, *Argentorati*, 1653. De
confuetudinis natura, vi et efficacia, ad fanitatem et
morbum, ejufque, in medendo, obfervationis neceffitate, *Helmeftadii*, 1681. De ærumnis gigantum in negotio
fanitatis, *Kiliæ*, 1689. De natura morborum medica,
Lugduni, 1692. An naturali homines polleant vatici-
nandi facultate, *Halæ Magdeburgicæ*, 1698. De animo
fanitatis et morborum fabro, *Halæ Magdeburgicæ*, 1699.
De animæ habitudine ad corpus, fpeciatim quoad mix-
tionis corporeæ confervationem, *Erfordiæ*, 1699. De
animi commotionum vi medica, *Lipfiæ*, 1700. Medicus
fui ipfius, *Halæ Magdeburgicæ*, 1704. De fiderum in
corpora humana influxu medico, *Halæ Magdeburgicæ*,
1706. De moralitatis vi medica, *Erfordiæ*, 1709. De
fomniis medicis, *Argentorati*, 1720. Aer vitæ et fanitatis
moderator, *Argentinæ*, 1721. De vaticiniis ægrotorum,
Halæ Magdeburgicæ, 1724. De therapiæ morborum fpon-
taneæ obfervationis neceffitate et utilitate in medicina,
Halæ Magdeburgicæ, 1725. De efficacia animi pathe-
matum in negotio fanitatis et morborum, *Tubingæ*, 1725.
De fenfuum internorum ufu in œconomia vitali, *Halæ
Magdeburgicæ*, 1726. De longævitate ex animi modera-
mine, *Halæ Magdeburgicæ*, 1728. De divinatione ex
infomniis, *Bafileæ*, 1733. De medico ex voluntate ægroti
perperam curante, *Vitembergæ*, 1741. De infomniorum
influxu in fanitatem et morbos, *Halæ Magdeburgicæ*,
1744. De differentiis perceptionum in vigilia, fomnio et
fomno, *Tubingæ*, 1757. De animo fanitatis præfide

atque cuſtode optimo , *Vitemberga* , 1758. De theurgia
et virtutibus theurgicis , *Altorfii* , 1763.

De incubo , *Argentorati* , 1656. De philtris , *Lipſia* ,
1661. De catalepſi , *Argentorati* , 1662. De noctambulis ,
Argentorati , 1663. De comate et caro , *Helmeſtadii* , 1668.
De vertigine , *Argentorati* , 1668. De lethargo , *Jena* ,
1669. De mania , *Argentorati* , 1669. De ambulatione in
ſomno , *Jena* , 1671. De affectibus ſoporoſis , *Argentorati* ,
1677. De archeo , *Jena* , 1678. De medicina univerſali ,
Jena , 1679. De morbis à faſcino , *Jena* , 1682. De magne-
tiſmo macro et microcoſmi , *Erfordia* , 1687. De ſpectris ,
Jena , 1693. De ſomnambulis , *Baſilea* , 1701. De incan-
tatis , *Jena* , 1701. De manuloquio , *Altorfii* , 1702. Amu-
letorum hiſtoria , *Hala Magdeburgica* , 1710. De miraculis , *Altorfii* , 1714. De oſculo vim philtri exſerente ,
Erfordia , 1719. De imaginatione , *Argentorati* , 1719.
De obſeſſione , *Roſtochii* , 1724. De curationibus ſympa-
theticis , *Hala Magdeburgica* , 1730. De modo loquendi
ad cor , *Tubinga* , 1756.

Cette profuſion d'autorités en faveur des principes
du magnétiſme animal fait connaître qu'ils ont été ,
de tout temps , reconnus ; mais on ne trouve guère
d'égales probabilités ſur la connaiſſance et l'uſage de
produire auſſi facilement et généralement des faits
extraordinaires , les raiſonner , et en tirer parti , tant
ſur ſoi-même , que d'un individu à l'autre , ainſi que
nous en avons , depuis M. *Meſmer*, l'expérience. Il
était réſervé à nos jours d'apprécier mieux ces ſublimes
principes, de les mettre en pratique, et de diſpoſer
de leur application au gré et ſelon l'énergie de notre
volonté. Cette découverte appartient abſolument à
notre ſiécle. L'admiration des anciens ſur des effets
ſpontanés , était ſtérile ; elle l'était également ſur

les

les effets artificiels ; ils en produifaient, mais ils ne fe perfuadaient pas que la faculté de les produire exiftait réellement dans leur propre volonté qui en était le moteur ; ou bien ils étaient comme le plus grand nombre de nos contemporains, fans difpofitions à épurer affez leur volonté, pour la rendre fuffifamment énergique et efficace. A-t-il donc toujours été plus féduifant, pour le général, de vivre par le corps et pour le corps, plutôt que par l'ame et pour l'ame ? Leur différente deftinée devrait cependant nous ramener à réfipifcence.

Quoi qu'il en foit, il eft très-certain que l'expérience du magnétifine animal actuel donne bien de la probabilité à certaines affertions de beaucoup d'auteurs anciens, que l'on s'eft accoutumé de traiter de vifionnaires. Ces jugemens de l'amour propre, de la pareffe et de l'ignorance, préjugés fi nuifibles au magnétifme, prévaudront-ils contre le travail, la verité et le bien général ? Tel eft l'état de la queftion.

N O T E (*E*).

Tous les ouvrages fur l'électricité, fur le magnétifme minéral, fur un fluide aérien quelconque, fur les fyftêmes et les procédés de la nature en général, et en particulier fur l'inftinct animal et l'ame de l'homme, ont quelque analogie avec le magnétifme animal : tels que ceux de LOCKE, BACON, BAYLE, LEIBNITZ, HUME, NEWTON, DESCARTES, LA MÉTRIE, BONNET, DIDEROT, MAUPERTUIS, ROBINET, HELVETIUS, CONDILLAC, VOLTAIRE, J. J. ROUSSEAU, BUFFON, MARAT, BERTHOLON, &c.

50   (*E*)   (*F*)

Tels encore :

Le Philofophe fans prétention. Anaxagoras en fyflême, par le baron de RAMSAY. La Philofophie de l'univers, par VIALLON. Les Mémoires fur l'analogie de l'électricité et du magnétifme, par VAN-SWINDEN. Les Mémoires fur les rapports évidens entre les phénomènes de la baguette divinatoire, du magnétifme et de l'électricité. Les Etudes de la nature, par M. de SAINT-PIERRE. L'Effai fur l'électricité naturelle et artificielle, par le comte de LA CEPEDE. L'Effai fur le fluide électrique, confidéré comme agent univerfel, par le comte de TRESSAN. Les Oeuvres de SCHWEDENBORG. Le Médecin philofophe, traduit de l'allemand, annoncé en quatre parties, dont la première feulement a paru, &c. &c.

N O T E (*F*).

LES ouvrages et journaux allemands qui traitent du magnétifme animal, et les plus connus, font :

Le Magnétifeur, par HOFFMAN, confeiller aulique, *Mayence*, 1787. Le Vrai magnétifeur, par PICHLER, médecin, *Francfort*, 1787. Lettres fur le magnétifme animal, par EBERHARD GMELIN, phyficien, *Tubing*, 1787. Magafin magnétique pour le nord de l'Allemagne, *Bremen*, 1787. Archives pour le magnétifme et le fomnambulifme, par BOECKMAN, profelleur de phyfique, *Carlsruhe*, 1787. Traité fur le magnétifme dans les feuilles publiques de Schaffoufe en Suiffe. L'Obfervateur du magnétifme animal et du fomnambulifme, *Strasbourg*, 1787. Archives du fanatifme et de l'éclaircifement de l'efprit, *Altona*, 1787. Le Monftre gris. ou le Juge impartial des événemens dignes de l'attention d'un public éclairé, *Nordlingen*, 1786-1787.

Ces ouvrages allemands fur le magnétifme ne font lus que par les perfonnes qui favent l'allemand ; le Journal français que l'on propofe , étant dans la langue favorite de l'Europe , ferait univerfellement recherché comme le befoin et la lumière de toutes les nations.

N O T E (*G*).

Voyez , entre autres ouvrages , celui de MAXVEL , médecin écoffais , qui a pour titre : *De medicina magnetica, libri tres.* De la médecine magnétique , en trois livres , édition de *Francfort*, 1679.

Cet ouvrage contient la théorie et la pratique de l'auteur fur le magnétifme. Les préfaces citent les favans qui ont fait des recherches fur les chofes naturelles , les maladies qui ont fondé et fourni à fon expérience ; et elles détournent de l'étude de cet ouvrage ceux qui feraient trop attachés aux fophif-mes et à la pratique de la médecine ordinaire , pour y renoncer.

Le premier livre traite de la théorie. Voici quelques paffages de fes conclufions , qui font la matière des chapitres.

C O N C L U S I O N S.

Texte de MAXVEL.   *Traduction littérale.*

I.

Anima non folùm in   L'ame n'eft pas feulement
corpore proprio vifibili , au-dedans , mais elle eft même

fed etiam extra corpus eft, nec corpore organico circumfcribitur.

au-dehors de fon propre corps; elle n'eft point circonfcrite dans l'enceinte d'un corps organifé.

I I.

Anima extra corpus proprium, communiter fic dictum, operatur.

L'ame opère hors de ce qu'on appelle communément fon propre corps.

I I I.

Ab omni corpore radii corporales fluunt, in quibus anima fuâ prefentiâ operatur, hifque energiam et potentiam operandi largitur. Sunt verò radii hi non folùm corporales, fed et diverfarum partium.

Il s'émane de tout corps des rayons corporels qui font autant de véhicules, par lefquels l'ame tranfmet fon action, en leur communiquant fon énergie et fa puiffance pour agir; et ces rayons non-feulement font corporels, mais ils font même compofés de diverfes matières.

I V.

Radii hi, qui ex animalium corporibus emittuntur, fpiritu vitali gaudent, per quem animæ operationes difpenfantur.

Les émanations des corps animés font imprégnées de l'efprit vital par lequel l'ame adminiftre fes opérations.

V I I I.

Unâ parte corporis affectâ, five fpiritu læfo, morbida compatiuntur reliqua.

Une partie du corps reffentelle quelque indifpofition, l'efprit éprouve-t-il une affliction, toutes les autres parties du corps y compatiffent.

I X.

Si ſpiritus vitalis in aliqua parte fortificatus fuerit, fortificatur illâ ipsâ actione in toto corpore.

Si l'eſprit vital parvient, en quelque partie du corps, à un degré plus éminent de vigueur, il étend de là ſon action dans toutes les autres parties, en leur communiquant un accroiſſement d'énergie.

X.

Ubi magis nudus eſt ſpiritus, ibi citiùs afficitur.

Plus l'eſprit eſt dégagé de la matière et libre, plus il eſt diſpoſé à recevoir des impreſſions.

Le ſecond livre traite de la pratique et de différentes maladies ; il eſt ſuivi de cent aphoriſmes. En voici quelques-uns qui ne ſeront point étrangers ou nouveaux aux magnétiſeurs actuels, quoique leur ſource, dans *Maxvel*, leur ſoit très-peu connue. Ils peuvent ſervir également d'autorité et d'inſtruction, et il y en a pluſieurs, ſurtout le ſeptième, qui ſemblent indiquer notre ſomnambuliſme magnétique.

APHORISMES.

I I.

Dum animæ operationes terminantur, generatur corpus, ſive producitur ex animæ potentia, variéque ſecundùm illius imaginationem formatur : unde ſuper corpus domi-

Lorſque les opérations de l'ame s'exécutent, le corps ſe produit, ou plutôt il eſt un effet de la puiſſance de l'ame, qui lui donne une forme diverſement figurée, ſuivant l'idée qui lui eſt propre, ce

nativam poteſtatem obti-
net , quam habere non
poſſet, niſi ab ea planè
plenèque penderet.

qui lui attribue ſur le corps un
pouvoir ſouverain qu'elle ne
pourrait avoir s'il ne dépen-
dait d'elle entièrement et
pleinement.

I I I.

In hac productione ,
dùm anima corpus ſibi
fabricat , generatur ali-
quod tertium inter utrum-
que medium, quo anima
corpori intimè magis aſſo-
ciatur , et per quod om-
nes rerum naturalium
operationes diſpenſantur,
hocque ſpiritus vitalis
dicitur..........

Dans cette création par
laquelle l'ame ſe prépare un
corps, il s'engendre quelque
choſe qui tient le milieu entre
l'un et l'autre, par le moyen
de quoi l'ame demeure plus
intimement attachée au corps,
et par quoi ſont diſpenſées
toutes les opérations des
choſes naturelles , et c'eſt ce
qu'on appelle eſprit vital *ou
fluide*..........

I V.

Naturalium rerum ope-
rationes diſpenſantur ab
hoc ſpiritu, per propria
organa, ſecundùm organi
diſpoſitionem.

C'eſt cet eſprit qui, par des
organes appropriés pour cet
uſage , diſtribue , ſuivant la
diſpoſition de chaque organe,
les opérations des choſes
naturelles.

V I I.

Si volueris magna ope-
rari , corporeitatem à
rebus pro poſſe deme, vel
corpori de ſpiritu adde,
vel ſpiritum ſopitum exci-

Voulez-vous opérer des
prodiges , retranchez de la
corporéité des êtres, procurez
au corps une plus grande
ſomme d'eſprits , tirez l'ef-

ta. Nifi aliquod horum feceris, vel imaginationem animæ mundi imaginationi conjungere fciveris, jam mutationem molienti, nihil unquam magni operaberis.

prit de fon état d'affoupiffement. Si vous ne faites quelques - unes de ces chofes, fi vous ne favez pas lier l'idée d'une ame avec l'idée du monde qui prépare une régénération, vous ne ferez jamais rien de grand.

I X.

Spiritus hic alicubi vel potiùs ubique quafi liber à corpore invenitur, et qui illum cum corpore congruenti jungere novit, thefaurum omnibus mundi divitiis anteponendum poffidet.

Cet efprit exifte, ou plutôt il fe rencontre par-tout libre et dégagé de tout corps, et celui qui faura le réunir à un corps convenablement difpofé, poffédera un tréfor préférable à toutes les richeffes de la terre.

X.

Separatur hic fpiritus à corpore, quantùm poffibile eft mediante fermentatione, vel adtractus à fratre libero.......

Cet efprit fe fépare du corps autant qu'il eft poffible, par l'effet de la fermentation, ou lorfqu'il y eft contraint par l'efprit libre de fon frère, *ou fon femblable.......*

X I.

Organa, per quæ operatur hic fpiritus funt rerum qualitates, quæ nihil magis efficere poffunt, merè et purè per fe confi-

Les organes par lefquels cet efprit opère, font les qualités des chofes qui, bien appréciées, ne font pas plus capables d'agir d'elles-mêmes, deratæ, quàm oculus videre abfque vita : dummodo nihil fint aliud, quàm materiæ five corporis modificationes.

que l'œil privé de la vie ne l'eft de voir, tant feulement qu'elles ne font encore que modifications de la matière ou d'un corps.

X I I.

Omnia quæ operantur, uniqua tantùm intentione operantur......

L'intention feule et unique gouveine toutes les opérations de l'efprit.......

X V I I I.

Spiritus corpori in generatione mifcetur, dirigitque intentionem naturæ ad finem.

L'efprit s'amalgame au corps dans la génération, et il dirige à fa fin l'intention de la nature.

X X.

.... Spiritus interior allicit externum de cœlo defcendentem, fibique unit, quo fortificato tandem generat fibi fimile.

..... L'efprit intérieur en attire un autre extérieur qui defcend du ciel, il fe l'unit, et ayant reçu de cette union un nouveau degré de force, il engendre enfuite un efprit femblable à lui.

X X I X.

Qui poterit fpiritum imprægnatum virtute unius corporis cum altero ad mutationem difpofito jungere, poterit multa mirabilia.......

Celui qui pourra unir à un efprit difpofé à la mutation un autre efprit imprégné de la vertu d'un corps, pourra faire beaucoup de chofes dignes d'admiration.......

X X X V I I I.

A cœlo fpiritus hic perpetuo fluit et ad idem refluit, *in quo fluxu illibatus invenitur*; ideòque quicumque fecundùm fubjecti difpofitionem à perito artifice miris modis conjungi poteft.

Il y a du ciel à la terre un flux et un reflux perpétuel d'efprit ; dans cet état de pureté, un habile ouvrier pourra, par des procédés admirables, le faire paffer à un autre, fuivant la difpofition du fujet.

X L I.

Qui lucem è rebus per lucem educere poteft, vel lucem luce multiplicare, is fpiritum vitalem univerfalem fpiritui vitali particulari addere novit, et per hanc additionem mirabilia perficere.

Celui qui par la lumière peut tirer la lumière des chofes, ou multiplier la lumière par la lumière, faura auffi ajouter à un efprit vital particulier, l'efprit vital univerfel, et par cette addition produire des merveilles.

X L V.

Spiritus diffipatur, dùm nimiùm in rebellem materiam agere conatur : vel quando crafis naturalis rei à ftellis alteratur : nonnunquàm nimiùm excitatus erumpit, vel à fratre fpiritu evocatus accedit.

L'efprit fe diffipe, lorfque la matière fur laquelle il tâche d'agir, fe refufe à fes efforts, ou lorfque le tiffu naturel de cette matière eft altéré par l'influence des aftres. Quelquefois, à force d'être excité, il fe manifefte tout à coup, ou quand il eft évoqué par un efprit, fon frère, et qu'il fe joint à lui.

X L I X.

Spiritus à fratre fpiritu evocatur, eidem nimiùm expofitus.

Un efprit eft évoqué par un efprit fon frère, d'autant plus qu'il s'empreffe de fe communiquer à lui.

L.

In quibufdam rebus à fratre evocari non poteft, propter arctam cum corpore focietatem ; verùm fratrem ad fe allicit quo miro modo fortificatur.

Tel efprit ne pouvant, à caufe de fon fort lien avec le corps, être évoqué de ce corps par un autre efprit fon frère, en attire cependant affez à lui pour en recevoir une augmentation confidérable de force.

L I I.

Qui adhibito fpiritu univerfali fpiritum particularem cujufcumque rei ad fermentationem naturalem excitare poteft, et demùm tumultus naturales fedare repetita operatione, res in virtute ad miraculum ufque .augere poteft. Summum philofophorum fecretum.

Celui qui, par le moyen de l'efprit univerfel, peut exciter à une fermentation naturelle l'efprit particulier de chaque chofe, et enfuite, en répétant la même opération, réprimer cette effervefcence naturelle, peut ainfi prodigieufement augmenter la maffe des forces dans les chofes. C'eft-là le grand fecret des philofophes.

L V I I.

Qui poterit evanefcentem hunc fpiritum prehendere, et ad corpus, ex quo elapfus eft, vel ad aliud ejufdem fpeciei applicare, faciet mirabilia.

Celui qui pourra faifir et retenir cet efprit lorfqu'il fe diffipe, et l'appliquer de nouveau au corps dont il s'eft détaché, ou à quelque autre de la même efpéce, fera des merveilles.

L X I.

Ubi fpiritus unius corporis qualitatibus illius corporis maritatus alteri communicatur, compaffio quædam propter mutuum fpirituum ad proprium corpus fluxum et refluxum generatur, non facilè diffolubilis ut ea quæ per imaginationem perficitur.

Lorfque l'efprit intimement uni aux qualités d'un corps, communique avec un autre corps, il fe forme, par un flux et reflux mutuel des efprits de l'un à l'autre corps, une forte de fympathie et d'union qu'il n'eft pas auffi facile de diffoudre que celle qui eft l'ouvrage de l'imagination.

L X V I I I.

Spiritum univerfalem, fi inftrumentis hoc fpiritu imprægnatis ufus fueris, in auxilium vocabis, magnum magorum fecretum.

Attirer à fon fecours cet efprit univerfel, en ufant pour cela d'inftrumens imprégnés de ce même efprit, c'eft le plus fublime des fecrets.

L X I X.

Qui fpiritum vitalem particularem efficere novit, corpus cujus fpiritus eft curare poteft ad quamcumque diftantiam, imploratâ fpiritûs univerfalis ope.

Celui qui eft parvenu à modifier un efprit vital particulier, pourra guérir le corps de celui de qui eft cet efprit, à quelque diftance qu'il foit, en implorant le fecours de l'efprit univerfel.

L X X.

Qui poterit fpiritum particularem fpiritu univerfali fortificare, vitam in ævum producere potis eft..........

Celui qui pourra fortifier de l'efprit univerfel un efprit particulier, faura procurer une vie très-longue.........

L X X I V.

Omnis calor à fpiritu vitali procedit, ficut de motu dictum eft.......

Toute chaleur procède de l'efprit vital, de même qu'on l'a dit du mouvement......

L X X X V I.

Agitur fpiritus fermentatione vel motu, quandoque utrumque fimul ad agitationem concurrit.

L'efprit agit par la fermentation ou par le mouvement, et quelquefois il fait concourir ces deux moyens pour produire l'agitation.

L X X X V I I I.

Quando fermentatio à motu diftinguitur, motum localem progreffivum intellige, qui ab imaginatione fpiritum vitalem ad motum dirigente provenit.

Lorfque l'on diftingue la fermentation du mouvement, il faut entendre que c'eft un mouvement local progreffif, qui provient d'une idée qui dirige l'efprit vital à un mouvement.

X C.

Qui fermentationem accelerare et putrefactionem impedire fpiritu univerfi propitio novit, contritionem philofophorum intelligit ; et, mediante eâ, mirabilia operari poteft.

Celui qui faura accélérer la fermentation, et empêcher la putréfaction par le fecours de l'efprit univerfel, poffédera la panacée des philofophes, et pourra, par fon moyen, opérer des merveilles.

X C I I.

Qui fpiritum univerfi ejufque ufum novit,

Celui qui connait l'efprit univerfel et fon ufage, peut

omnem corruptionem impedire poteſt, et ſpiritui particulari dominium ſuper corpus largiri. Videant medici, quantum hoc ad morbos curandos fecerit.

empêcher toute forte de corruption, et procurer à un eſprit particulier l'empire ſur ſon corps. Que les médecins voyent combien cela peut être utile pour la guériſon des maladies.

X C I I I.

Medicamentum univerſale dari poſſe jam conclamatum eſt, quia ſi ſpiritus particularis vires ſumpſerit, morbos omnes per ſe curare potis eſt, ut experientiâ communi notum eſt ; nullus enim morbus qui aliquando ſine medicorum ope à ſpiritu vitali non ſit curatus.

Il eſt déjà reconnu qu'un remède univerſel n'eſt point la choſe impoſſible, et que ſi un eſprit particulier peut avoir des moyens de ſe renforcer, il peut ſuffire à guérir toutes les maladies, cela eſt démontré par l'expérience; il n'y a point de maladies qui n'ait déjà été guérie par le ſeul ſecours de l'eſprit vital, et ſans l'aſſiſtance des médecins.

X C I V.

Medicamentum univerſale nihil aliud eſt, quàm ſpiritus vitalis in ſubjectum debitum multiplicatus.

Le remède univerſel n'eſt autre choſe que l'eſprit vital renforcé dans un ſujet convevenable.

X C V I I I.

Selon l'intention première de la nature, aucun ſujet ne reçoit que l'eſprit vital néceſſaire

Nihil per primam naturæ intentionem plus ſpiritûs habet quàm ſibi ad ſpeciem conſervandam ſufficit : ex unaquaque tamen re natura, philofopho obftetricante, filium patre nobiliorem educere potis eft.

pour fa confervation felon fon efpéce ; il eft cependant poffible à tous égards que la nature , par le travail d'un philofophe , produife des chofes fupérieures à leur principe.

Le troifième livre n'a pas pu être achevé par *Maxvel;* il n'en donne qu'un chapitre fur la manière de traiter les maux de tête , par fes principes de magnétifme.

Une traduction libre de ces paffages de *Maxvel* , fans être moins exacte , les cût mieux développés ; mais on a cru devoir fe borner ici au fens littéral. C'eft au Journal à faire mieux , en donnant une analyfe convenable de tout l'ouvrage , et furtout les commentaires et explications dont ces aphorifmes font fufceptibles.

N O T E   (*H*).

BIEN des gens qui prétendent favoir le magnétifme, réduifent tout ce qu'ils en ont lu et obfervé à en faire confifter la pratique dans la volonté dirigée à propos , et avec confiance d'opérer les effets néceffaires pour aider , fortifier le travail de la nature , et réparer un dérangement quelconque dans l'économie animale, ou , pour fe fervir du terme de l'art, *rétablir l'harmonie*. Ils croient qu'il ne peut jamais être nuifible , quand il eft déterminé au bien , fans aucune autre impulfion , trop ordinairement fufceptible d'en partager , et , par conféquent , d'en altérer l'énergie. Ils font perfuadés que le magnétifme , ainfi adminiftré avec conftance par le cœur , et dirigé par la penfée, par les yeux , ou par l'attouchement cependant toujours à préférer dans les commencemens , eft ordinairement efficace quand il eft employé affez à temps , fans en prétendre des chofes furnaturelles. On peut l'éprouver, pour s'en convaincre ; mais il faut bien obferver de ne pas s'écarter des principes effen-tiels , pour réuffir.

Ce fyftême fe rapproche affez de celui de quelques magnétifeurs qui ne reconnaiffent ou n'invoquent point le fluide comme agent à confidérer dans l'action du magnétifme , et qui la rapportent toute aux feules facultés de l'ame. Il eft vrai qu'on leur voit également produire des effets , foit en touchant leurs malades , foit en ne les touchant pas, foit en les regardant de près ou de loin , foit même en penfant à eux, fans les voir; il eft bien certain qu'ils opèrent ainfi des cures ; ils font même davantage : et, entre autres chofes merveilleufes à citer , ils reffentent phyfiquement fur eux-mêmes, ou acquièrent , par une manifeftation de leur fens intérieur, des indications curatives , et des notions exactes fur le local d'un mal quelconque, et fes caufes internes et incertaines , dans le malade dont ils s'occupent et dont ils défirent connaître au jufte les befoins et les moyens de foula-gement ; mais il n'eft pas moins poffible que le fluide foit le véhicule, le premier organe d'une intention intellectuelle, et d'une opération de l'inftinct , et qu'il ait fon action propre et relative, qui eft évidem-ment propre , naturelle et fpontanée en ce que l'homme a de machinal dans fon organifation , et n'eft relative , et particuliérement déterminée , que lorfqu'une modification lui eft donnée de plus par le defir, la volonté , l'impulfion , le pouvoir de l'ame. Ainfi, le fluide de *Maxvel* ou de M. *Mefmer* n'en ferait pas moins, pour ces magnétifeurs et tous les autres, un agent néceffaire qui influe et opère fur l'exiftence , quand même on n'y fonge pas ; et, encore mieux , quand on y fonge bien, et qu'on en difpofe, c'eft-à-dire, quand on croit et que l'on veut communiquer un fluide bienfefant. Ces magnétifeurs difent qu'ils ne touchent que pour mieux fixer leur attention : cela ne peut qu'être très-bien ; mais il ne peut guère être douteux que ce ne foit un bien de plus, que de toucher auffi, par la penfée, à ce fluide, en le reconnaiffant le befoin , la vie de la nature, pour ajouter ou à fa quantité , ou à fa qualité, ou à fes opérations.

Il n'eft guère poffible , en effet, de douter de l'exiftence néceffaire d'un fluide modifié par le Tout-puiffant , lorfqu'il a féparé la lumière des ténèbres, c'eft-à-dire, le fluide de la matière ; qu'il puiffe réfulter de cette modification que ce fluide eft le moteur de la matière , et fon organifateur , felon certaines combinaifons , circonflances et rapprochemens qui varient à l'infini les organifations ; qu'il eft, par fon action et fa réaction , l'aliment de ces organifations, pour leur faire parcourir le terme d'exiftence, plus ou moins compofée , qui leur eft affecté ; et que ce terme d'exiftence eft conféquent des impreffions propres et relatives, données aux parties organiques comme féparées et comme réunies.

Il n'eft guère poffible de douter que le mouvement

et

et l'influence de ce fluide dans la matière , ne perpé-
tuent l'ordre établi dans l'efpace et les claffes des
trois régnes de la nature , ainfi que celles de leurs productions ; que la matière inerte , fans propriété aucune ,
n'acquère des propriétés et une confiftance appréciables ,
que lorfque , mue et animée par le fluide , elle fe réunit
par aggrégats pour former des organifations ; que ces
organifations font élémentaires les unes des autres ,
jufqu'à une perfection , une circonftance , une époque
quelconque , déterminée ; et que toute propriété
reconnue dans la matière , provient et appartient au
fluide qui anime et alimente l'exiftence de fon organifation paffagère , c'eft-à-dire , jufqu'au moment de
la diffolution abfolue de l'organifation , qui eft le
terme de cette exiftence , et du retour du fluide et
de la matière , à leurs réfervoirs , d'où ils fourniffent
à de nouveaux aggrégats et à de nouvelles organifations.

Il n'eft guère poffible de douter que les claffes des
trois régnes de la nature ne diftinguent le minéral
par une exiftence infenfible et progreffive ; le végétal
par une végétation reproductive qu'il unit à ce qui
diftingue le minéral ; et l'animal par l'inftinct et le
fentiment qu'il unit à la progreffion du minéral
et à la reproduction du végétal. Qu'en fe bornant
à confidérer ici le régne animal , on n'y reconnaiffe
l'inftinct ou aptitude innée dans tout être animé ,
de s'occuper au travail de la formation et perfection
de fon organifation , et de s'approprier , pour fa croif-
fance , fon entretien , fa confervation , tout ce qui
peut lui convenir en ce qui eft à fa difpofition ; et
plus particuliérement encore dans l'homme , l'être

privilégié de la nature , une ame qui concourre aux opérations de l'inftinct pour fuffire aux importantes fonctions que l'on vient de lui attribuer , et qui lui eft d'autant plus différente et fupérieure , qu'elle ajoute à fon énergie, qu'elle eft fufceptible de parvenir à le raifonner , à le dominer , et qu'elle eft penfante, avec la faculté de manifefter fa penfée. Cette propofition du travail de l'ame fur l'organifation corporelle qu'elle anime, confignée par *Maxvel* , dans fes deuxième , troifième, quatrième et dix-huitième aphorifmes , ci-devant rapportés dans la note *G*, eft mieux développée fous le titre de Thèfe nouvelle fur l'exiftence , attribuée à M. de *Métigny* , inférée dans le premier tome du Bonnet du matin , ouvrage de M. *Mercier*. On peut la confulter.

Il n'eft guère poffible de douter que DIEU, en créant l'homme à fon image , n'ait uni une organifation animale qui tient des trois régnes de la nature, et qui caractérife un être matériel à une ame fpirituelle, émanation de fa divinité, qui caractérife fon image immatérielle.

Il n'eft guère poffible de douter que cet enfemble matériel et immatériel , animal et fpirituel , ne diftingue et ne conftitue l'homme, comme compofé d'un corps périffable ou mortel , et d'une ame immortelle; ainfi fufceptible de croître de corps et d'ame , de multiplier fur la terre , d'affujettir à lui les productions qu'elle contient , et d'en jouir comme d'une propriété créée, et à lui donnée pour fon ufage. Cette affimilité était, en effet, effentielle dans l'homme, pour qu'il pût remplir fa deftinée de courir ainfi une période d'exiftence terreftre, fupérieure à toute autre, et multiplier des êtres de corps et d'ame, en tout femblables à lui.

Il n'eft guère poffible de douter que l'ame, étant de l'effence divine dont elle émane, ne puiffe, ne doive avoir une action quelconque d'influence et de connaiffance fans borne, pour le temps, l'efpace et l'étendue; action affez puiffante pour opérer, à fon gré, non-feulement fur le fluide, fur la matière, et fur toutes les organifations, en général, ainfi que fur fa propre enveloppe ou organifation animale; mais encore, en fe concentrant fur elle-même, faire ufage de la liberté, de l'intelligence, du raifonnement, de la confcience et de l'énergie, qui lui font propres; correfpondre à tout dans la nature, et même aux autres ames, toutes créées également fpirituelles, puiffantes et immortelles.

Il n'eft guère poffible de douter que l'ame . enveloppée d'une organifation animale pendant la période d'exiftence terreftre à laquelle cette efpéce d'organifation la plus parfaite eft affujettie, ne partage néceffairement la gradation entre l'accroiffement et la diffolution de cette organifation, ainfi que les variétés et les imperfections fortuites de fes organes connus et inconnus; et, qu'en conféquence, l'état de maturité et de fanté, ou harmonie parfaite du corps, ne foit auffi celui de l'ame, c'eft-à-dire, celui de la perfection manifefte et pleine jouiffance de fes facultés; et toujours d'une manière relative, proportionnée, et réciproquement fubordonnée aux diverfes influences qui agiffent fur l'un et fur l'autre. Cela explique l'état apparent de l'abfence, de la force, de la faibleffe, et de l'efpéce de nullité de l'ame, dans bien des circonſtances, telles que l'enſance, les maladies, le ſommeil, &c., ainſi que l'action propre, naturelle, et ſpontanée, du fluide et de l'inſtinct.

Il n'eſt guère poſſible de douter que l'ame n'eſt ainſi aſſimilée au corps, quant à la progreſſion, à l'éducation et aux viciſſitudes qui leur ſont communes, que ſeulement pendant leur union et exiſtence ter-reſtre, après laquelle l'ame retourne à l'Eternel pour achever ſa deſtinée; et le fluide, et le corps ou la matière, à leurs réſervoirs reſpectifs.

Il n'eſt guère poſſible de douter que le concours eſſentiel et reſpectif de l'ame, du fluide, de l'inſtinct et de la matière, tels que l'on vient de les admettre dans l'organiſation de l'homme, ne puiſſe ſuffire à toutes les opérations que l'homme effectue dans les différentes circonſtances de ſa vie, ainſi que dans ſon état naturel, pour opérer l'action du magnétiſ-me, et dans l'état extraordinaire du ſomnambuliſme magnétique; qui ne ſont effectivement l'un et l'autre, tant activement que paſſivement, qu'une action et ſituation de recueillement plus ou moins exaltées, dans leſquelles, en proportion particulière et réciproque des obſtàcles en moins, et des ſecours en plus, l'ame jouit plus parfaitement de ſa puiſſance, l'inſtinct de ſes avantages, et le fluide d'un mouvement plus efficace.

Il n'eſt guère poſſible, enfin, de douter que cet aperçu de propoſitions, abſolument dépourvu d'une méthode et d'une démonſtration convenables, n'eût beſoin de beaucoup de volumes, pour être établi avec le détail ſuffiſant qu'il comporte, et qu'il n'en exigeât bien davantage, ſoit pour être diſcuté et combattu, ſoit pour être défendu.

N O T E (*I*).

Les fociétés de l'harmonie font une affociation de perfonnes les plus recommandables qui, de leur bourfe, et de leurs foins et travail affectueux, entretiennent un établiffement qu'elles ont fondé, où elles traitent gratuitement toutes fortes de malades, où les traitemens font, au befoin, éclairés et dirigés par des médecins et chirurgiens magnétifeurs, et où l'on réunit tout ce qui peut convenir et fuffire d'ailleurs à ces traitemens.

Une expérience bien éprouvée par des applications variées et des guérifons fréquentes, a néceffairement développé les lumières les plus utiles, et a, par conféquent, affuré à ces fociétés une préférence bien fondée, pour l'inftruction et la propagation du magnétifme animal. Ces traitemens publics ont le grand avantage fur les traitemens particuliers, beaucoup plus nombreux, de fatisfaire à l'empreffement des perfonnes qui défirent affifter à la pratique du magnétifme animal, et en faire par elles-mêmes l'examen par l'obfervation ; avantage confidérablement reftreint dans les traitemens particuliers des malades magnétifés chez eux, qui, le plus ordinairement, fe dérobent à toute publicité.

Ces établiffemens refpectables, bien moins jaloux de la frivole apparence d'être les dépofitaires d'une efpéce de prérogative exclufive, de propager le magnétifme par une initiation confentie avec réferve et réflexion, que de le tranfmettre avec la pureté convenable et les obfervations les plus utiles, pour en affurer les fuccès, lui concilier la confiance, et le garantir des abus ; étant d'ailleurs journellement plus inftruits par leur propre travail et par les réfultats d'une correfpondance bien fuivie entre eux et avec leurs membres difperfés ; font plus particuliérement propres à coopérer au Journal que l'on propofe , et à l'enrichir des matériaux les plus intéreffans.

On obferve fur ces établiffemens que , dans le cas où l'inftruction fur le magnétifme deviendrait , en quelque façon , par la publicité dont il eft queftion dans ce Profpectus , plus indépendante qu'elle ne l'eft de l'initiation qu'ils confèrent pour fa propaga‑ tion ; ces établiffemens , moins furchargés des détails de forme de cette prérogative , cependant toujours fondés à mériter de juftes préférences, pourraient plus entiérement fe livrer aux fonctions les plus nobles et les plus méritantes de leur inftitution , qui confifte effentiellement à foulager des malades dont le traitement public puiffe fervir à l'examen du magnétifme et à fa conviction , et à offrir aux magné‑ tifeurs , ainfi qu'aux‑ magnétifés , toute efpéce de fecours néceffaires , et furtout un local convenable et non fufpect , que la bienféance leur fait fouvent préférer à tout autre.

Les fociétés de l'harmonie préfentent, fous toutes leurs faces , les plus grands avantages. Il eft bien à défirer qu'elles fe foutiennent et fe multiplient, et furtout qu'elles fe garantiffent généralement et indi‑ viduellement de tout efprit de corps , et de toute domination et critique , tant fur les perfonnes que fur leurs opérations et leurs opinions. Tout zéle mal entendu indifpofe, rallentit , écarte, et c'eft toujours au préjudice du bien de la chofe.

N O T E (*K*).

O n reproche aux partifans du magnétifme de ne prôner que fes fuccès, et de diffimuler abfolument fes bévues, fes accidens, fon inutilité et fa nullité en bien des occafions. On admettra, on inférera, dans ce Journal, toute expofition ou réclamation à cet égard ; mais l'on y joindra auffi les répliques et les obfervations dont elles feront fufceptibles. Il y aurait bien moins de réfultats fufpects ou fâcheux, fi l'on favait bien ce que c'eft que le magnétifme, et fi, dans fa pratique, on obfervait de ne jamais l'employer mal à propos, et avec des préjugés défavorables, des difpofitions contraires, des procédés mal entendus, et trop de prétention à la critique ou au merveilleux.

Parce que l'on voit des magnétifeurs, et d'autres perfonnes qui ont eu la curiofité d'être inftruites fur le magnétifme, diminuer, en apparence, de zèle, ou en négliger abfolument la pratique; on en conclut à fon défavantage. Il ferait plus vraifemblable de penfer qu'il en eft qui, pour fe fouftraire aux critiques, aux difcuffions, travaillent en filence dans le particulier; et que, plus contens de bien faire, que jaloux d'afficher, de juftifier leur opinion, ils préfèrent laiffer le magnétifme s'établir de lui-même par fes bienfaits, plutôt que de le proftituer à d'abfurdes et inutiles controverfes : mais le paffage latin : *Multi vocati, pauci electi*, en eft bien plus généralement la véritable folution ; il eft, à cet égard, d'une jufte application. Le magnétifme eft une action de bonne volonté ; elle eft à la difpofition de tout le monde, mais tout le monde n'a pas le loifir ou l'inclination de s'y livrer,

et encore moins les acceffoires eftimables et néceffaires, fi oppofés aux paffions, aux goûts du fiécle,
auxquels on s'abandonne, en général, bien plus
volontiers.

L'appréciation, la deftinée du magnétifme ne
dépendent pas uniquement de ceux qui l'adminif-
trent, mais encore de ceux qui s'y foumettent : il
faut des magnétifés, pour qu'il y ait des magnétifeurs.
On ne magnétife pas indifféremment tous les malades
qui fe préfentent ; il y en a qui ont des inconfé-
quences qui rebutent ou qui nuifent à leur traitement. Il faut non-feulement que le magnétifme foit
agréé, il faut encore que le magnétifeur le foit. Il
faut, dans les malades, une conftance, un dévouement
décidé, et de l'exactitude dans le régime et les
remèdes prefcrits. L'empreffement, la convenance,
l'accord, la confiance, acceffoires réciproques et
néceffaires dans la pratique du magnétifme pour y
obtenir des fuccès, ne cefferont d'être moins équivoques que lorfqu'il fera plus connu et plus accrédité.

On ne voit point des perfonnes, guéries par le
magnétifme, dire qu'elles n'étaient pas malades, ou
n'attribuer leur guérifon qu'au feul travail ou hafard
de la nature ; ce langage n'appartient qu'aux détracteurs de mauvaife foi. On voit encore moins des
partifans inftruits ou initiés renoncer à leur opinion
acquife, pour en profeffer une nouvelle qui lui foit
contraire. Il en eft, fans doute, qui ont des raifons
particulières de ne point pratiquer le magnétifme ;
mais il en eft bien plus dont l'abnégation même ne
doit point tirer à conféquence, attendu qu'un efprit
de curiofité ou d'intérêt quelconque, abfolument

nuifible aux difpofitions requifes pour participer à la vraie connaiffance et aux fuccès du magnétifme , eft affez notoire ou préfumable en eux pour devoir en ce cas atténuer leur autorité.

Il doit être fuperflu d'obferver ici qu'avec un cœur corrompu , on ne doit point prétendre à tirer un grand parti du magnétifme , et , encore moins , influer fur fon appréciation. On fe répète peut-être déjà trop fouvent, dans cet écrit, fur la grande influence des difpofitions morales ; puiffent ces répétitions , ainfi ramenées avec intention , attacher un prix nouveau aux fentimens , aux qualités eftimables , et en opérer plus généralement l'exercice.

N O T E (*L*).

L A médecine eft effectivement une fcience incertaine et abfolument conjecturale ; l'expérience ne fait pas le médecin, puifqu'elle varie dans chaque individu : la connaiffance des remèdes et de leur vertu ne fuffit point , mais plutôt leur application à propos dans telle maladie , felon telle difpofition et tel tempérament, l'un et l'autre préalablement bien connus ; car le moindre changement dans les circonflances fait varier cette application , et peut en déterminer un développement nuifible.

Voici comme deux auteurs modernes s'expliquent fur la médecine.

„ On lit dans la plupart des livres modernes que, „ depuis l'époque du renouvellement des fciences , „ la médecine s'eft perfectionnée ; que les découvertes

,, immenfes qu'on a faites en anatomie, en phyfique,
,, en chimie, ne permettent pas de révoquer fes
,, progrès en doute; qu'elles ont appris aux praticiens
,, des routes nouvelles; qu'elles lui ont fait voir de
,, nouvelles forces; que l'économie animale eft mieux
,, connue, et qu'il eft plus aifé d'en rétablir les refforts,
,, lorfqu'ils font dérangés. Mais, fi cela eft vrai,
,, pourquoi donc, malgré les fecours d'une théorie
,, lumineufe, la pratique a-t-elle fi peu changé?
,, guérit-on plus furement? prévoit-on mieux les
,, terminaifons des maladies? ,,

DE SEZE, docteur en médecine. Recherches fur la fenfibilité ou
la vie animale.

,, Doit-on être furpris de trouver, dans toutes les
,, parties de la médecine théorique et pratique, des
,, controverfes éternelles, même en fait d'expérience
,, et d'obfervations, puifqu'il n'exifte entre elles aucune
,, reffemblance exacte pour déterminer la conduite
,, du médecin? Gémiffons fur la difficulté naturelle
,, d'un art fi variable et fi incertain en lui-même,
,, au lieu d'accabler fans ceffe, par des farcafmes
,, déraifonnables, l'artifte infortuné qui ne trouve
,, aucune reffource certaine, ni dans les principes,
,, ni dans l'obfervation, ni dans l'analogie. Telle
,, eft, jufqu'à préfent, la médecine. D'après cela,
,, je demande fi elle n'eft point défectueufe en elle-
,, même.
,, Puifque la médecine eft fi difficile et fi conjec-
,, turale entre les mains des grands hommes, tels
,, qu'Hippocrate, Arétée, Baillou, Sydenham, Hoffmann,
,, Vanfwieten, Bordeu, entre les mains de tous les

,, hommes eftimables qui s'y dévouent entièrement ,
,, qu'eft-elle donc entre les mains des , &c.

,, Il eft donc bien vrai que la médecine , telle
,, qu'elle a été exercée jufqu'à préfent , et telle qu'elle
,, eft encore , eft un des plus horribles fléaux du
,, genre-humain. Si l'on joint , aux confidérations
,, précédentes , la manière dont elle eft appliquée dans
,, les campagnes, on en fera pleinement convaincu.,,

J o y a n d , docteur en médecine. Introduction au Précis
du fiécle de P a r a c e l s e , 1787.

D'après cela , qui malheureufement n'eft que trop
vrai , il doit être au moins excufable d'accueillir et
d'étudier le magnétifme.

N O T É (*M*).

L'a c c o r d de tous les fomnambules, dans l'appréciation des propriétés du fluide et du pouvoir de
l'intention , a fait reconnaître que le magnétifme,
envifagé d'abord comme un effet purement phyfique,
était auffi , et bien plus évidemment , un effet moral.

L'influence de l'intention eft déjà affez connue
pour que l'on attache beaucoup d'importance à
écarter, dans la pratique du magnétifme, toute crainte,
inquiétude , incertitude , fur les événemens du traitement ; parce que ces fenfations peuvent pénétrer
dans le malade , et y déterminer des effets nuifibles
ou fufpects. On prétend qu'il faut , au contraire,
s'attendre à tout , fans être alarmé ou découragé de
rien ; qu'il faut toujours efpérer , défirer , vouloir
avec confiance, et bien fe perfuader que, vouloir une

chofe , et craindre , en même temps, de ne pas y réuffir, ce n'eft pas la vouloir avec confiance , ainfi que le magnétifme l'exige ; c'eft en douter, c'eft être préoccupé de crainte et d'incertitude. L'influence d'une telle intention , lorfqu'elle ne porte pas le trouble , ne prive pas moins du bon effet à fe promettre de l'efpéce d'intention ou volonté néceffaire et prefcrite en magnétifme. En travaillant pour le mieux poffible, la fatisfaction intérieure qui réfulte et accompagne une bonne confcience , une bonne action, donne au fang et à l'ame le calme et la paix, fituations les plus falutaires et les plus défirables , tant pour en jouir que pour les communiquer. Ces difpofitions morales font les plus favorables pour magnétifer.

On a été bien étonné de voir des magnétifeurs très-diftraits obtenir fouvent plus de fuccès que les plus recueillis ; ils procuraient également le fomnambulifme , et fefaient des guérifons fans le produire. Ce pourrait bien être parce que les plus recueillis raifonnaient mal leur volonté.

En voulant faire les entendus , les docteurs , les médecins, ou procurer, forcer le fomnambulifme , et, fur des apparences fufpectes, donner du fluide d'un côté, en ôter d'un autre , attaquer le fiége du mal , vouloir opérer tels ou tels effets , et fatisfaire leur amour propre ou leur curiofité , ils contrariaient peut-être ainfi la nature, et préjudiciaient au malade. Les magnétifeurs en apparence diftraits, fe bornant, au contraire , à une volonté confiante, décidée et réfignée de bien faire , fans en déterminer la manière , ajoutaient, renforçaient néceffairement et réciproquement l'inftinct et le fluide qui , corroborés ainfi moralement et phyſiquement dans leur action, ſans impulſion et modifications nuiſibles ou ſuperflues, opéraient les bons effets de leur travail naturel.

On pourrait conclure, de ces préſomptions, qu'il y a deux caractères de volonté à employer, l'une réſignée, l'autre raiſonnée ; que la volonté réſignée eſt la ſeule convenable dans les traitemens magnétiques, tant que le ſomnambuliſme ne ſe préſente point, ou qu'il ne fournit pas des lumières ſuſceptibles de confiance ; et que les deux caractères de volonté ſont tous deux néceſſaires lorſque le ſomnambuliſme a lieu , tant pour en apprécier et en diriger la clairvoyance, que pour en obtenir des expériences et des lumières.

On s'eſt aperçu que l'opinion du magnétiſeur, lorſqu'il s'y attache trop, peut influer aſſez ſur le ſomnambule pour l'en pénétrer ; il en réſulte un accord d'opinions qui peut être ſuſpect ; mais il n'eſt point en cela problématique, lorſque le magnétiſeur ne s'occupe véritablement qu'à favoriſer la clairvoyance pour en obtenir des réſultats libres et vrais , et qu'il ne les détermine point par l'influence de ſes idées , ou la manière de ſes queſtions.

L'expérience a appris que la clairvoyance était ſujette à varier d'un jour à l'autre, du matin au ſoir, et même dans le courant d'une criſe ; mais le ſomnambule s'en aperçoit et ne le déguiſe pas.

C'eſt par des ſomnambules que l'on a appris que l'action non ſpontanée , mais artificielle , énergique, du magnétiſme , conſiſtait dans l'intention ; que l'intention pouvait diſpoſer, modifier, diriger, accumuler, concentrer le fluide ; que l'on pouvait utilement y employer des conducteurs de verre, de fer, de cordes, ainſi que des réſervoirs en forme de baquets, boites, plaques, et ſurtout des arbres ; qu'elle y influait également dans tous les corps, ainſi que dans les boiſſons, les alimens, les vêtemens, et ſurtout dans l'eau qui était un excellent conducteur.

C'eſt à des ſomnambules que l'on doit la connaiſfance de l'influence magnétique ſur le moral de l'homme, d'où réſulte la poſſibilité de guérir, c'eſt-à-dire de changer ou corriger les affections de l'ame, lorſqu'elles ſont défectueuſes, ainſi que l'on guérit les maladies ou affections corporelles.

Tout ſe magnétiſe dans la nature ; on magnétiſe quelqu'un ou quelque choſe en y penſant, en y regardant, en lui parlant. Le plus ou le moins d'énergie, de conſtance, de ſuite, d'habitude, dans une intention quelconque, conſtitue la force ou la faibleſſe de ſon influence ; le fluide en eſt le véhicule, les circonſtances de tout ce qui eſt en regard dans la nature en ſont les acceſſoires, et les diſpoſitions phyſiques ou corporelles en ſont les organes. L'influence phyſique a eu, de tout temps, ſes partiſans ; l'influence morale en acquiert tous les jours par le magnétiſme ; elle peut ſervir à expliquer bien des choſes, et doit faire faire bien des réflexions.

Que l'on ſoit frappé d'un coup imprévu, par exemple, à la jambe, auſſi tôt on y porte la main ; cela ſoulage. Si c'était par le ſeul inſtinct, il ſerait à votre ſecours dans toutes les occaſions ; c'eſt donc un effet énergique et intelligent de l'ame. Ne voit-on pas plutôt ſuccomber les perſonnes qui ſe laiſſent aller à la peine, que celles qui font reſſource de leur courage? *Aide-toi*, *je t'aiderai* ; cela feul explique le magnétifme animal, et donne la folution de beaucoup de mouvemens et d'ufages dont on ufe fans les apprécier, fans les définir, ou que l'on déprife et néglige faute de réflexion et de connaiffances.

Ces notions acquifes, reconnues et juftifiées par une étude et une expérience journalière, et concordantes avec une quantité d'opinions relatives, confignées dans les anciens écrits, même dans les plus refpectables et les plus faints, concourent toutes à confirmer l'exiftence du magnétifme animal ; et que non-feulement il eft bien véritablement falutaire et efficace, d'un individu à l'autre, mais auffi qu'il l'eft fur foi-même ; et qu'ainfi l'on peut foi-même fe magnétifer efficacement quand on en a la volonté, l'intelligence, la réflexion, et la faculté phyfique.

N O T E (*N*).

Voyez la Théorie du monde et des êtres organifés, fuivant les principes de M. *Mefmer* ; voyez fes autres ouvrages ; voyez les différentes éditions de fes aphorifmes à caufe des pièces qui y font annexées ; Ces aphorifmes ne difent pas tout ; mais plus on les médite, plus on y trouve d'éclairciffement et d'inftruction, furtout quand on a déjà quelque commencement d'expérience et de bons principes. c'eft-à-dire quand on a la connaiffance que le moral eft l'agent propre à l'homme pour fuffire à fa haute deftinée dans fon état préfent et futur, et que cette deftinée eft conféquente de l'ufage qu'il fait de la liberté et de la puiſſance dont il jouit pendant ſon exiſtence terreſtre.

Voyez la Lettre de M. GALLARD DE MONTJOYE. L'Examen phyſique de M. CARRA. Les Conſidérations de M. BERGASSE, ſuivies de Penſées de M. le marquis de CHATELUX, ſur le mouvement. L'eſſai ſur les probabilités du ſomnambuliſme magnétique, par M. FOURNEL. Le Syſtême raiſonné du magnétiſme univerſel. L'Eſſai ſur la théorie du ſomnambuliſme magnétique, par M. *T. D. M.* Son Supplément ou Lettres pour ſervir de ſuite à cet Eſſai, 67 pages in-8°, 1787. Les Journaux des traitemens magnétiques de la demoiſelle *N.*, en deux parties, et de madame de *B.*, par le même auteur. Mémoires pour ſervir à l'hiſtoire et à l'établiſſement du magnétiſme animal. Lettre ſur une obſervation faite à la lune. Extraits des Journaux d'un magnétiſeur, avec des obſervations ſur les criſes magnétiques, deuxième édition augmentée. Proſpectus d'un Cours théorique et pratique de magnétiſme animal, réduit à des principes ſimples de phyſique, de chimie et de médecine, par M. WURTZ, docteur en médecine. Le Magnétiſeur amoureux. Extrait du Journal d'une cure magnétique. Précis du ſiécle de PARACELSE. Lettre de la ſociété exégétique et philantropique de Stockholm, à la ſociété harmonique des amis réunis à Straſbourg, ſur la ſeule explication ſatisfeſante des phénomènes du magnétiſme animal et du ſomnambuliſme, édition in-8°, de l'imprimerie royale de *Stockholm*, 1787, &c., &c.

On peut citer auſſi le Mémoire en deux parties ſur la découverte des phénomènes que préſentent la catalepſie et le ſomnambuliſme, par M. PETETIN, profeſſeur en médecine à Lyon. L'auteur affecte, dans cet ouvrage, de traiter cette matière en médecin, et d'en écarter tout ce qui pourrait donner lieu de penſer

que

que fes expériences réfultent d'aucuns procédés du magnétifme; il y aurait bien des chofes à obferver à cet égard, même fur la déférence due à l'efprit de corps, et la poffibilité d'une influence magnétique, d'une manière plus ou moins notoire; mais on ne peut guère fe livrer à de telles difcuffions dans un profpectus qui ne permet tout au plus que d'effleurer les objets les plus effentiels. Si le Journal a lieu, on y fera le rapport de cet ouvrage, d'ailleurs très-intéreffant; et on y joindra les obfervations dont il eft fufceptible relativement à l'évidence du magnétifme dans cette occafion, et à l'opinion de M. *Petelin*, qui paraît lui être toute favorable.

N O T E (*O*).

LES phénomènes du fomnambulifme magnétique font très-variés et très-nombreux. On eft bien éloigné d'en entreprendre ici une énumération complette; on en a déjà cité quelques-uns dans le courant de ces notes. On fe borne à rapporter ici ceux dont on a le plus d'exemples bien avérés.

Avoir, en état de fomnambulifme, une extenfion, une fupériorité d'organes et de connaiffances que l'on n'a pas en état naturel.

N'entendre que fon magnétifeur, avoir befoin de fa volonté pour être mis en rapport avec d'autres perfonnes, c'eft-à-dire pour pouvoir converfer avec elles, et les toucher et en être touché fans en être incommodé : ce rapport ne doit jamais être établi qu'avec le confentement du fomnambule; il doit en être de même pour toute autre expérience.

Ordonner et doſer des remèdes compoſés, analyſer des mélanges, des compoſitions, même des eaux minérales , rendre compte de leurs propriétés.

Voir dans tout ſon intérieur, voir l'état du ſang, des nerfs , des humeurs , l'effet des remèdes ; en prévoir les réſultats à époque prochaine ou éloignée.

Voir également bien dans d'autres malades , voir s'ils ont pris ou fait convenablement leurs remèdes ; conſulter même , (lorſqu'ils ſont ſoutenus par l'ordre et la volonté du magnétiſeur,) ſur des perſonnes abſentes , inconnues ; les voir et en rendre un compte exact.

Prévoir que l'on aura des criſes plus clairvoyantes, en fixer les époques ; remettre à des criſes ſuivantes à s'expliquer ſur des choſes perſonnelles ou étrangères dont cependant on prend, dans l'inſtant , les aperçus néceſſaires , et s'en expliquer bien à l'époque indiquée, ſans autres notions acquiſes en état naturel pendant l'intervalle.

Prévoir des événemens perſonnels et étrangers ; et plus particuliérement dans les maladies, preſſentir les accès , les criſes , les accidens , leurs cauſes , leurs caractères, leur durée, leurs dangers, leur traitement ; ce dont la preſſentiation et la connaiſſance préviennent toute ſurpriſe , toute inquiétude , et perſuadent par leur réalité , la confiance et l'exactitude aux remèdes indiqués , quelque extraordinaires qu'ils ſoient.

Ne plus ſe reſſouvenir, en état naturel, de tout ce qui s'eſt dit et paſſé pendant l'état de criſe ſomnambulique , à moins que la volonté expreſſe de leur magnétiſeur ne leur en donne l'ordre et la puiſſance ;

demander à prendre ou à faire, en cet état, les remèdes auxquels on répugnerait en état naturel.

Entendre, répondre, obéir, en crife, aux commandemens, aux fignes et même à la penfée du magnétifeur ; magnétifer volontiers ; dire qu'en cet état on magnétife mieux qu'en état naturel, parce que l'on fait et que l'on voit bien comment il faut magnétifer.

Exécuter, en état naturel, la volonté de fon magnétifeur, par une impulfion irréfiftible, fans motif dont on puiffe rendre raifon, et fans autre indication que la notification de cette volonté faite en crife, foit que l'effet de cette volonté ait une époque prochaine ou éloignée de quelques jours.

Etre mis en état de crife par toute perfonne qui en aurait reçu la commiffion ou le pouvoir du magnétifeur accoutumé.

Etre mis par fon magnétifeur, quoique fort éloigné de lui, en état de crife ; continuer d'y tomber, felon fa volonté, même après guérifon, tant que le rapport eft entretenu.

Etre mis en cet état de crife fans être malade ; mais, fans doute, à caufe de fimples ou légères indifpofitions, ou en conféquence de difpofitions à des maladies éloignées, ou par l'effet d'autres difpofitions convenables ou réciproques.

Voir le fluide, être quelquefois affez ébloui ou incommodé de fon éclat pour avoir befoin de fe faire bander les yeux qui cependant font fermés, et ne font pas alors l'organe en action pour effectuer le moyen de voir.

Apprécier d'abord, par l'état et la couleur du fluide, lors de fon émanation des corps, l'état de fanté , de force et de conftitution de ces corps ; et , lorfque ce font des minéraux , en reconnaître l'efpéce par la feule émanation du fluide ; apprécier auffi les propriétés, l'utilité des plantes, par le goût ou l'odorat, fans les connaître par leur nom ou par leur forme.

Etre, dans certaines circonftances , incommodé de la préfence des incrédules ou des mauvais plaifans fur le magnétifme , pénétrer même leur mauvaife volonté , quoiqu'en état naturel on n'eût aucune pré‑ vention à cet égard , et que l'on ne fût pas même averti en crife qu'ils fuffent furvenus et préfens.

Voir les perfonnes préfentes, ainfi que celles qui furviennent pendant la crife ; s'en occuper , même de celles que l'on ne connaît pas du tout ; parler fur leur compte, et auffi fur leur fanté ; leur annoncer et prédire des événemens , quoique ces perfonnes n'aient point été mifes en rapport, et qu'il n'eût été fait aucune demande à leur égard.

Conferver en état naturel la faculté que l'on avait en état de crife, de confulter avec lumières et fuccès fur des malades, et enfin pouvoir au befoin , après s'en être concerté avec fon magnétifeur, fe mettre en crife foi-même en fon abfence et fans fon fecours, et ainfi fe foigner et écrire fur fa fituation, &c. &c.

N O T E (Ṗ).

Il y a des fomnambules magnétiques qui, quoique abfolument dépourvus dans leur état naturel d'au‑ cune notion fur le magnétifme, fur la médecine , fur

l'anatomie, fur la phyfique et fur la métaphyfique,
s'expliquent cependant fur ces matières intéreffantes,
d'une manière à étonner et à confondre les gens qui
fe croient bien favans ; ce n'eft pas une raifon pour
rejeter ou négliger leurs lumières, c'en eft une plutôt
de les apprécier, furtout quand elles fe montrent fans
être excitées.

. Il ne faut pas croire cependant que les fomnambules foient tous également bons et clairvoyans ; le
plus grand nombre n'a que les notions néceffaires
pour fe traiter et pour confeiller fur d'autres malades;
il y en a même plufieurs qui ne les acquièrent que
fucceffivement ; tous autres faits plus furprenans, plus
étendus font affez rares. Ils exiftent cependant, et
l'on en trouve des exemples dans le journal du traitement magnétique de la demoifelle *N.*, et dans celui
de madame *B.*, par M. *T. D. M.* En général, la
clairvoyance des fomnambules et la confiance qu'ils
méritent, dépendent beaucoup de la prudence des
magnétifeurs dans la manière de les traiter. Il eft
effentiel de ne pas fe tromper aux crifes imparfaites,
et de n'y donner que de juftes conféquences.

La comparaifon qui a été faite entre les fujets plus
ou moins inftruits dans leur état naturel, a fait connaître qu'ils étaient également fufceptibles d'acquérir
des lumières en état de crife, et que la feule différence
entre eux confiftait en ce que les plus inftruits, les
plus familiarifés avec les fciences, s'en expliquaient
en des termes plus choifis ou plus propres à la chofe,
et que, de leur propre mouvement, ils combattaient
fouvent des opinions généralement reçues dont ils
avaient connaiffance, au lieu que les moins inftruits

fe bornaient à répondre aux queftions, fans prévention, fans commentaire, mais d'une manière fatisfefante. On a beau dire, cela n'eft pas poffible, cela
n'eft pas croyable, et partir de là pour amufer les
plaifans aux dépens des penfeurs, ce pyrrhonifme
fans examen ne prouve, ne détruit, ne peut rien
contre des faits réels et une conviction bien acquife.

Le plus ou le moins de clairvoyance en crife exerce
encore les fcrutateurs de cet état extraordinaire. On
eft bien éloigné de pouvoir déjà rendre raifon de tous
les effets finguliers qu'il préfente. On ne peut non-
feulement s'en promettre à l'avance tels que l'on en
cite dans cet écrit, ni même répondre de répéter
avec fuccès des expériences déjà obtenues; on n'eft
pas même affuré de faire tomber des malades en cet
état de crife. La grande quantité de guérifons opérées
par le magnétifme, fans que le fomnambulifme ait
eu lieu, peut faire penfer que la nature ne le procure
facilement que felon le befoin de la maladie, ou plus
abfolument, que felon certaines difpofitions réciproques, convenables et néceffaires dans le malade et fon
magnétifeur.

L'expérience nous apprend tous les jours quelque
chofe de neuf. et pour ainfi dire dans chaque malade;
ce n'eft donc que de l'expérience que l'on doit attendre
plus d'éclairciffemens et d'inftruction.

N O T E (*Q*),

VOICI quelques extraits ou paffages qui ont affez
de rapport avec les objets traités dans ce Profpectus.

PAR-TOUT nous avons trouvé que l'opinion eſt incomparablement plus étendue que la ſcience ; et nous avons dû convaincre que rien n'eſt plus faible que nos lumières, que dans nos connaiſſances tout eſt plein de ténébies et d'incertitudes ; que les ſciences profanes ſont bien moins des voies propres à nous procurer la connaiſſance de la vérité, que les hiſtoires des opinions des hommes. Quel motif plus capable de déraciner en nous la préſomption de l'eſprit et ſon opiniâtreté !

L E G E N D R E. Traité de l'opinion.

IL faut beaucoup de méditation, il faut du courage pour captiver ſon eſprit à la contemplation. Mais l'étude de la nature n'eſt-elle pas aſſez ſublime, aſſez intéreſſante pour mériter ce travail ? les ténèbres et l'eſpéce d'engourdiſſement du doute ſont-ils donc préférables ? ne reconnaîtra-t-on jamais que, dans l'étude et le progrès des connaiſſances, il n'y a que l'amour propre et la pareſſe de l'eſprit qui aient oſé donner le nom de ſageſſe au doute qui nous arrête et qui nous empêche de faire les plus grands efforts pour nous élever à la vérité ?

L E C O M T E D E T R E S S A N. Eſſai ſur le fluide électrique.

LA vérité eſt le caractère du ſage ; ſa recherche l'unique objet de ſes études ; la vertu ſa ſeule habitude. Il doit cette recherche à lui-même, il la doit à tout le genre-humain. Ce n'eſt pas un amuſement ; c'eſt une obligation, un devoir. Etre heureux, faire des heureux, voilà ſans doute le but ; il ne parvient à l'un, qu'en multipliant ſes connaiſſances ; à l'autre, qu'en les communiquant à ſes ſemblables. Ces connaiſſances ſont funeſtes quand elles ſont fauſſes ; il faut donc qu'il s'aſſure de leur vérité, pour ne pas empoiſonner ſes jours, et ceux des autres hommes.

B R I S S O T D E V A R V I L L E. De la vérité.

F 4

88 (Q)

COMMENCE donc par rectifier ton ame, par dompter et modérer les affections qui la détournent de fa première droiture, et l'abaiffent vers le vice. C'eft à quoi l'on ne peut parvenir qu'en pénétrant fon efprit de la vérité, et en le dépouillant de tout ce qui tient à l'erreur, au menfonge, au préjugé. Alors, la volonté devient pure, l'intention droite; on ne veut plus que ce qui eft honnête et utile; on n'a plus d'éloignement que pour ce qui eft malhonnête et dangereux.

CONFUCIUS. Penfées morales, recueillies et traduites
du latin par M. LEVESQUE.

UNE fenfation capable de s'élever jufqu'à la pureté morale, jufqu'au fublime métaphyfique, mériterait bien un titre à part dans le livre fur les fens; mais le nombre des hommes fans préjugés eft fi petit que, par déférence pour le grand nombre des faibles, nous laifferons aux intelligens le foin d'appliquer aux fens ce que nous en pourrions dire d'ailleurs.

LE CAT. Traité des fens.

HIPPOCRATE n'a-t-il pas reconnu, dans tous fes ouvrages, une nature vivante, univerfelle, qui régit les êtres animés d'après des lois qui ne font propres qu'à eux? n'a-t il pas aperçu que le corps humain n'était qu'un, quoique divifé en plufieurs organes, qui avaient chacun leurs fonctions? que tous ces organes étaient liés entre eux par une étroite correfpondance? n'a-t-il pas vu que chaque organe attirait à lui tous les fucs nourriciers dont il a befoin.

La matière ne peut paffer, par des progrès fenfibles, de l'état d'inertie ou de mort, à l'état d'activité ou de vie, qu'en admettant dans fon fein une fubftance qui lui eft étrangère, et qui contient en elle des facultés vitales; cette fubftance, qui ne peut être conçue, uniffant les propriétés d'un efprit pur aux propriétés de la màtière, parce que ces deux fortes d'êtres font d'une nature oppofée, peut cependant avoir, fous une forme matérielle, des propriétés dont la matière ordinaire ne jouiffe pas. On peut croire que les facultés qu'elle a en puiffance ne font réduites en acte que dans les corps dont l'orga‑nifation en favorife l'exercice.

DE SEZE, docteur en médecine. Recherches fur la fenfibilité
ou la vie animale.

QU'EST-CE donc que la nature? La nature eft cette fubftance active dont l'action et la réaction opèrent toutes les digeftions et toutes les excrétions dans les corps des trois régnes, mais d'une manière plus remarquable dans les végétaux et dans les animaux qui fe forment et fe diffolvent plus promptement; c'eft le principe univerfel qui agit dans les plus grands comme dans les plus petits corps qui peuplent l'univers ; c'eft le principe qui agit dans l'eftomac, dans les inteftins, dans les vaiffeaux de tout genre, et dans les vifcères de l'homme; c'eft le principe qui produit, exprime et propage les différentes manières d'être de tous les corps, par les divers organes attachés à leur efpéce; et comme il ne fe manifefte point d'autre fubftance active que celle qui eft émanée du foleil , &c.

Je pourrais raffembler les fuffrages de tous les médecins et de tous les phyficiens les plus célébres qui aient exifté, fur l'activité du principe appelé nature dans l'homme et dans les autres animaux; tant d'aveux réunis à l'évidence extérieure univerfelle, et à l'affentiment naturel de tous les peuples, formeraient un corps de preuves le plus fatisfefant et le plus complet , démontrant que ce principe pénètre et fort néceffairement de tous les corps; on a la théorie du magnétifme animal , fans s'écarter des principes reçus dans tous les âges du monde.

Le magnétifme animal eft néceffairement enchaîné avec tous les phénomènes de l'aftronomie, de la météorologie, et avec l'hiftoire naturelle des trois régnes; il comprend la communication établie entre les corps céleftes, foleils, planètes et fatellites; et par le même principe, les influences néceffaires de ces vaftes corps qui fe meuvent dans l'efpace fur les plus petits corps, qui y reçoivent une exiftence commune que rien ne peut empêcher de participer à l'influence générale.

JOYAND, docteur en médecine. Précis du fiecle
de PARACELSE, 1787.

QU'EST-CE que la raifon? C'eft une portion de l'efprit divin répandue dans nos corps; elle eft la régle de toutes les vertus, parce qu'elle eft une copie de la nature divine. L'intelligence eft commune aux dieux et aux hommes; mais elle eft parfaite dans les uns, et peut le devenir dans les autres.

Il y a au-deffus de nous des efpaces immenfes dont l'efprit peut fe mettre en poffeffion, pourvu qu'il fe dégage de la matière, qu'il fe purifie, et qu'en donnant des bornes étroites à fa cupidité, il ait fu acquérir l'activité et l'agilité convenables........ Il remonte aux lieux de fon origine, il reconnaît en lui l'empreinte de la divinité.

Notre ame jouira d'une véritable félicité lorfque, dégagée des ténèbres qui l'environnent, elle pourra contempler d'un œil fûr la lumière divine dans fa fource; lorfque, rendue à la célefte patrie, elle occupera la place qui lui eft deftinée. Notre naiffance nous appelle à ce haut rang : nous pouvons même en prendre poffeffion avant que de quitter nos corps, fi nous avons le courage de nous dépouiller de nos vices, et fi nos penfées, purifiées de ce qu'elles ont de terreftre, s'élèvent jufqu'au fein de la divinité. C'eft à quoi nous devons travailler de toutes nos forces. Peu d'hommes favent ce fecret important, et perfonne n'en aperçoit l'effet.

Penfées de SENEQUE, recueillies par LA BEAUMELLE.

C'EST-LA où nous reconnaîtrons les bafes et les voies qui font préfentées à la volonté de l'homme pour accomplir fon œuvre ; car, de même que ces bafes feraient inutiles fi la volonté de l'homme ne les mettait à profit, de même la volonté de l'homme, quoique étant le principal mobile de fon œuvre, demeurerait fans efficacité fi elle n'avait des bafes fur lefquelles elle peut exercer fon action.

Si le fer, étant maintenu dans la direction propre à l'aimant, peut acquérir une partie des qualités magnétiques, devrions-nous être furpris que des hommes, qui auraient fuivi conflamment le fentier des vertus de l'agent univerfel, fe fuffent remplis de ces mêmes vertus ? et que brûlant de zéle et de confiance, ils euffent calmé les vents et les flots, arrêté l'effet du venin des vipères, rendu l'action aux paralytiques, guéri les maladies, et même arraché des victimes à la mort ?

C'eft ainfi que l'homme, qui détourne un inftant les yeux de fon principe, finit par tout corrompre, et en vient à regarder comme fabuleux ce dont il n'a plus l'intelligence et la force d'apercevoir la réalité.

Tableau naturel des rapports qui exiftent entre DIEU ,
l'homme et l'univers.

Il eft évident que l'homme qui veut méditer cherche la tranquillité, et que cet inftant de tranquillité eft celui de la plus grande élévation de fes idées. Jugez combien l'ame, entiérement dégagée des fens, doit acquérir de connaiffances, et peut-être de plaifirs, qu'il lui avait été impoffible de concevoir.

Je fens qu'il exifte un être plus parfait que la matière qui anime nos corps. Auffitôt que cet être s'ifole de la matière, il jouit avec extafe de toutes fes facultés, il jouit de toutes les beautés de l'univers.

Il exifte chez nous un être précieux qui eft le moteur de notre imagination, et c'eft ce moteur qui nous diftingue des animaux.

Le Philofophe fans prétention, 1775.

J'ai fait voir, dans mes recherches fur les vrais principes de l'animalité, que le fens intérieur avait une action réactive, non-feulement fur les organes deftinés aux fonctions animales, qu'il dirige felon la détermination qu'il reçoit des différentes impreffions que font fur lui les fens extérieurs, mais que cette action s'étend encore fur les organes qui exécutent les fonctions vitales.

Si le mécanifme merveilleux, qui fait correfpondre tous nos organes avec celui du fens intérieur, donne à notre être une perfection, en fefant participer la fubftance corporelle à toutes les modifications que l'ame reçoit des caufes morales, il devient auffi très-fouvent un principe de dérangement dans notre machine, dont il eft néceffaire de connaître les effets.

Les paffions font, à l'égard du fens intérieur, ce que les alimens font à l'égard de l'eftomac et des autres organes des premières voies ; ce font elles qui réveillent et foutiennent le ton et les forces du fens intérieur : une perfonne qui en ferait abfolument privée, tomberait dans une langueur mortelle, parce que l'inaction du fens intérieur influerait bientôt fur tous les organes qui, comme je l'ai fait voir, ont befoin d'être animés par fa réaction.

PRESSAVIN. Traité D'HYGIENNE.

IL ne faut donc pas s'étonner que l'ame, pouvant faifir ce qui n'eft plus, elle prévoit ce qui n'eft pas encore. L'avenir la touche même davantage, et eſt plus intéreſſant pour elle. Elle tend vers le futur et l'embraſſe déjà, au lieu qu'elle eſt séparée du paſſé et n'y tient que par le souvenir. Les ames ont donc cette faculté innée, mais à la vérité faible et obſcure, elle n'agit qu'avec difficulté. Cependant il en eſt en qui elle ſe développe tout à coup, ſoit dans les ſonges, ſoit quand le corps ſe trouve dans une poſition favorable à l'enthouſiaſme, et que la partie raiſonnable et contemplative, dégagée de l'impreſſion des objets préſens qui troublaient ſon action, applique l'imagination à prévoir l'avenir.

PLUTARQUE. Oeuvres morales, traduites par
M. l'abbé RICARD.

JOURDAIN GUIBELET, dans l'Examen de l'examen des eſprits, chap. 20, rapporte une hiſtoire fort ſingulière d'une demoiſelle qu'il traitait de ſuffocations hyſtériques. Dans ſes accès, qui duraient ordinairement plus de vingt-quatre heures ſans aucune apparence de mouvement ni de ſentiment, quoique la langue ou les autres parties qui ſervent à la formation de la voix ne fuſſent point empêchées, elle diſcourait avec tant de jugement et de délicateſſe d'eſprit, qu'il ſemblait que ſa maladie lui donnât de l'entendement, et lui fût beaucoup plus libérale que la ſanté. On n'a jamais vu raiſonner avec tant d'art et diſcourir avec tant de facilité. On pourrait dire, ajoute notre auteur, que le corps étant comme mort pendant la violence de ce mal, l'ame ſe retirait chez elle et jouiſſait de tous ſes priviléges. Les conceptions de l'ame doivent être d'autant plus nettes et plus relevées, qu'elle eſt plus débarraſſée des liens du corps et de la matière.

LE CAMUS. Médecine de l'eſprit, 1753.

NE voyez-vous donc pas clairement que les hommes ſont comme des dieux entre les autres animaux, qu'ils

. font faits pour leur commander par la conformation de leur corps et par la fupériorité de leur ame.

Si, dans notre faible nature, quelque chofe approche de celle des Dieux, c'eſt notre ame, fans doute : nous fentons qu'elle régne en nous, mais nous ne pouvons la voir. Gardez-vous bien de méprifer les fubſtances invifibles, reconnaiſſez leur puiſſance par leurs effets.

Si quelqu'un voulait s'élever au-deſſus des connaiſ-fances humaines, il lui conſeillait de s'appliquer à la divination. Quand on connaît, diſait-il, les fignes que les Dieux nous donnent de leur volonté, on ne manque jamais de recevoir leur avis.

Entretiens mémorables de S O C R A T E, traduits du grec de X E N O P H O N ; par M. L E V E S Q U E.

Il y a donc en l'homme deux puiſſances; l'une animale, et l'autre divine. La première lui donne fans ceſſe le fentiment de fa miſère ; la feconde celui de fon excel-lence : et c'eſt de leurs combats que fe forment les variétés et les contradictions de la vie humaine.

Quand ces deux fentimens fe croifent, c'eſt-à-dire, lorfque nous attachons l'inſtinct divin aux chofes périf-fables, et l'inſtinct animal aux chofes divines, notre vie eſt agitée de paſſions contradictoires; voilà la caufe de tant d'efpérances et de craintes frivoles qui tourmentent les hommes.

Quand ces deux inſtincts fe réuniſſent dans le même lieu, ils nous donnent les plus grands plaifirs dont nous foyons capables; car alors nos deux natures, fi j'ofe ainſi les appeler, jouiſſent à la fois.

Il y a encore un grand nombre de lois fentimentales, dont je n'ai pu m'occuper ici : telles font celles d'où dérivent les preſſentimens, les augures, les fonges, les retours d'événemens heureux et malheureux, aux mêmes époques, &c. Leurs effets font atteſtés chez les

peuples policés et fauvages, par les écrivains profanes
et facrés, et par tout homme attentif aux lois de la
nature. Ces communications de l'ame, avec un ordre de
chofes invifibles, font rejetées de nos favans modernes,
parce qu'elles ne font pas du reffort de leurs fyftêmes
et de leurs almanachs ; mais que de chofes exiftent qui
ne font pas dans les convenances de notre raifon, et
qui n'en ont pas été même aperçues !

Etudes de la nature, par M. de SAINT PIERRE.

On ne peut abfolument trouver, fur la terre, l'origine des ames ; car il n'y a rien dans les ames qui foit
mixte et compofé ; rien qui paraiffe venir de la terre,
de l'eau, de l'air ou du feu. Tous ces élémens n'ont
rien qui puiffe rappeler le paffé, prévoir l'avenir,
embraffer le préfent. Jamais on ne trouvera d'où l'homme
reçoit ces divines qualités, à moins que de remonter à
un Dieu, et par conféquent l'ame eft d'une nature fin-
gulière, qui n'a rien de commun avec les élémens que
nous connaiffons. Quelle que foit donc la nature d'un
être, qui a du fentiment, intelligence, volonté, principe de vie, cet être-là eft célefte ; il eft divin, et de-là
immortel.

Penfées de CICERON, traduites par l'abbé d'OLIVET.

LE démon de *Socrate* était à l'aventure certaine
impulfion de volonté, qui fe préfentait à lui fans le
confeil de fa raifon. En une ame bien épurée comme la
fienne, et préparée par continu exercice de fageffe et
de vertu, il eft vraifemblable que ces inclinations,
quoique téméraires et indigeftes, étaient toujours importantes et dignes d'être fuivies. Chacun fent en foi
quelque image de telles agitations d'une opinion
prompte, véhémente et fortuite. C'eft à moi de leur
donner quelque autorité, qui en donne fi peu à notre
prudence ; et en ai eu de pareillement faibles en raifon,

et violentes en perfuafion , ou en diffuafion , qui était plus ordinaire à *Socrate* . auxquelles je me laiffai emporter fi utilement et heureufement , qu'elles pourraient être jugées tenir quelque chofe d'infpiration divine.

Effai de MONTAIGNE.

L'AME eft de foi toute favante fans être apprife, et ne faut point à produire ce qu'elle fait, et bien exercer fes fonctions comme il faut, fi elle n'eft empêchée, et moyennant que fes inftrumens foient bien difpofés.

Les hommes mélancoliques, maniaques, frénétiques et atteints de certaines maladies, qu'*Hippocrate* appelle divines, fans l'avoir appris parlent latin, font des vers, difcourent prudemment et hautement, devinent les chofes fecrettes et à venir, lefquelles chofes les fots ignorans attribueront au diable ou efprit familier, bien qu'ils fuffent auparavant idiots et ruftiques, et qui depuis font retournés tels après la guérifon.

Si toute fcience venait, comme veut *Ariftote*, des fens, il s'enfuivrait que ceux qui ont les fens plus entiers et plus vifs, feraient plus ingénieux et plus favans, et fe voit le contraire fouvent, qu'ils ont l'efprit plus lourd et font plus mal habiles, et plufieurs fe font privés à efcient de l'ufage d'iceux, afin que l'ame fît mieux et plus librement fes affaires.

La volonté eft une grande piéce, de très-grande importance, et doit l'homme étudier furtout à la bien régler, car d'elle dépend prefque tout fon état et fon bien : elle feule eft vraiment nôtre et en notre puiffance; tout le refte, entendement, mémoire, imagination, nous peut être ôté, altéré, troublé par mille accidens, et non la volonté.

CHARRON. De la fageffe.

On

On aurait pu donner plus d'étendue au nombre de tels extraits ; mais on a jugé qu'il était plus convenable de les réferver, pour les amener encore plus à propos dans le Journal.

N O T E (R).

L E S définitions feront furement vues avec intérêt dans ce Journal ; on eft à tout moment obligé de fe fervir de certains mots , tout impropres qu'ils font ; mais faute de mots plus précis pour exprimer bien des chofes abfolument neuves que nous offre la pratique du magnétifme animal, il furvient des équivoques faute de s'entendre, et il en réfulte des conféquences défectueufes. Pour les éviter, il faut , par des définitions précifes, bien fixer, conftater , convenir quelle eft la fignification véritable , l'acception propre à donner à certaines expreffions , et il en faut également pour expliquer ce qu'elles expriment.

La manière de voir, propre aux fomnambules , exige, par exemple, les deux fortes de ces définitions. Il y a à définir l'acception du mot *voir*, et auffi la manière dont ils voient.

La définition du mot *voir*, confifte à éclaircir ce que l'on entend par voir autrement que par les yeux. Un fomnambule magnétique botanife, voit et choifit les plantes qui lui conviennent; il voit même dans l'obfcurité ce qui fe paffe autour de lui ; il voit à travers les corps opaques ; il voit à des diftances indéfinies ; cependant il a les yeux fermés ; et quelque extenſion que puiſſe avoir ou acquérir le ſens de ſa vue, il eſt prouvé qu'il voit ſans s'en ſervir. L'acception du mot *voir* eſt donc ici néceſſaire à définir.

La définition du moyen de voir ne l'eſt pas moins: les ſomnambules ordinaires ou noctambules voient auſſi ſans ſe ſervir de l'organe de la vue. Il eſt probable que les deux eſpéces de ſomnambules voient par les mêmes moyens ; cependant celle-ci dort, l'autre ne dort pas ; celle qui dort conſerve ſouvent quelque reſſouvenir, celle qui ne dort pas n'en conſerve point.

Il ſera fort intéreſſant d'avoir ſur ces objets de bonnes définitions, ainſi que ſur le prétendu ſommeil magnétique, ſur les différentes claſſes des criſes, ſur les degrés de clairvoyance, ſur les différens ſyſtêmes du magnétiſme, ſur l'influence phyſique et morale, ſur ce qu'on entend par établir et être en rapport, &c. &c.

N O T E　(S).

LES perſonnes verſées dans les ſciences phyſiques, morales et curatives, ont toute ſorte d'avantages pour l'examen, l'étude et la pratique du magnétiſme animal ; elles ſont, par leurs moyens acquis, déjà familiariſées avec l'application des ſciences, et ont par conſéquent bien des facilités, non-ſeulement pour approfondir tout ce qui peut y avoir quelque rapport, mais encore pour en rendre un compte également exact et utile. Il ſuffit, pour s'en convaincre, de jeter les yeux ſur les expoſés des traitemens auxquels elles ſe ſont appliquées ; ces rapports ont généralement un

caractère d'inſtruction et d'obſervation qui les diſ-
tingue ; on y voit que rien n'échappe à leur
ſagacité, qu'elles travaillent en maîtres, voient en
philoſophes, et s'expliquent d'une manière plus particuliérement intéreſſante et lumineuſe.

On peut citer pour exemple les expoſés de deux
cures opérées par M. *le Blanc*, docteur en médecine
et chirurgien major du régiment d'infanterie de la
Fère ; ces expoſés ſont inſérés dans le tome ſecond
des cures faites par différens magnétiſeurs, membres
de la ſociété harmonique des amis réunis, établie
à Strasbourg. Ces deux volumes, publiés par cette
ſociété, d'ailleurs et en entier très-intéreſſans, préſentent pluſieurs exemples de cette nature ; on ſe borne
à celui-ci pris dans la faculté et dans le recueil le plus
nombreux de faits bien avérés.

Il ſerait ſans doute bien à déſirer, pour la proſpé-
rité du magnétiſme, que tous les magnétiſeurs
fuſſent du plus au moins ſecondés par des lumières
relatives ; mais, quelque bien partagés qu'ils puiſſent
être à cet égard, les élèves de la faculté le ſont encore
plus, puiſqu'ils ont, pour la pratique du magnétiſme,
le très-grand avantage qui réſulte de l'aſſurance et de
la confiance que donne à eux et aux malades un état
en poſſeſſion de pouvoir, avec ſes reſſources toujours
prêtes aux beſoins, ſe livrer à des eſſais, à des expériences quelquefois aſſez critiques, et ne pas encourir
les inquiétudes ni les reproches de trop haſarder,
de s'immiſcer, de ſe confier indiſcrettement, et encore
moins de paſſer pour fauteurs des événemens
fâcheux.

Ces conſidérations timorées contribuent beaucoup

à la retenue, à la réferve avec lefquels on fe prête, on fe livre de part et d'autre au magnétifme animal. Une inftruction, une protection fuffifantes, furtout le concours des favans et des praticiens dans la partie curative de l'économie animale, peuvent feuls donner l'affurance et la confiance d'employer plus généralement la pratique néceffaire pour l'examen de cette découverte : les réfultats de cet examen devant fixer l'opinion du public, il eft befoin de les conftater et de les faire connaître. Cette inftruction, cet examen, ces réfultats, cette publicité, font les objets du Journal que l'on propofe ; c'eft donc au public à prononcer fur fon importance, et furtout d'en pourfuivre, d'en déterminer l'exécution, fi elle a fon approbation. Mais l'obtiendra-t-elle?

C'EST à vous, hommes, que je crie ; et c'eft aux enfans des hommes que ma voix s'adreffe. Vous, imprudens, apprenez ce que c'eft que la fageffe ; et vous, infenfés, rentrez en vous-mêmes. Ecoutez-moi........ Tous mes difcours font juftes ; ils n'ont rien de mauvais ni de corrompu. Ils font pleins de droiture pour ceux qui font intelligens, et ils font équitables pour ceux qui ont trouvé la fcience....... Ne les rejetez pas.

PROVERBES DE SALOMON. Chap. 8.

F I N.

* 9 7 8 2 3 2 9 4 0 1 2 1 8 *